国家新闻出版改革发展项目库重点项目

THE TOP WEAPON MASTER BRITANNICA OF SCIENCE

超级武器大师系列军事大百科全书

海中奇迹 MIRACLE OF SEA 4

[编]韩雨江 孙铭 徐波 | [绘]凯帝动画

吉林科学技术出版社

图书在版编目（CIP）数据

海中奇迹 / 韩雨江，孙铭，徐波主编. -- 长春 ：吉林科学技术出版社，2014.8

（超级武器大师）

ISBN 978-7-5384-8055-9

Ⅰ. ①海… Ⅱ. ①韩… ②孙… ③徐… Ⅲ. ①海军武器—世界—普及读物 Ⅳ. ①E925-49

中国版本图书馆 CIP 数据核字（2014）第 164239 号

海中奇迹

主　　编　韩雨江　孙　铭　徐　波
出 版 人　宛　霞
责任编辑　张延明
封面设计　李宏蕾
美术设计　吉林省凯帝动画科技有限公司
制　　版　吉林省凯帝动画科技有限公司
电脑美术　焦　群　冯奕轩　贺媛媛　王梓豫　姚丽娜　姜海龙　边宏斌　马俊德
　　　　　丛文鹏　徐　茜　周　颖　张宗婧　王歆禹　李红伟　王　澜　程心童
开　　本　889mm × 1194mm　1/16
字　　数　190 千字
印　　张　9
印　　数　33 001-36 000 册
版　　次　2014 年 12 月第 1 版
印　　次　2024 年 4 月第 7 次印刷
出　　版　吉林科学技术出版社
发　　行　吉林科学技术出版社
地　　址　长春市福祉大路 5788 号出版大厦 A 座
邮　　编　130118
发行部电话 / 传真　0431-81629529　81629530　81629531
　　　　　81629532　81629533　81629534
储运部电话　0431-86059116
编辑部电话　0431-81629380
印　　刷　吉林省吉广国际广告股份有限公司
书　　号　ISBN 978-7-5384-8055-9
定　　价　88.00 元
如有印装质量问题可寄出版社调换

目录

《 海中奇迹 MIRACLES IN THE SEA 》

【SETTING SAIL】

扬帆起航

【THE LAST BATTLE】

两战对决

目录

《 海中奇迹 MIRACLES IN THE SEA 》

【THE LAST BATTLE】

两战对决

【THE WARRIORS OF SEA】

海骑英姿

【THE WARRIORS OF SEA】

海骑英姿

【THE WARRIORS OF SEA】

海骑英姿

【TRAVELING IN MIRACULOUS SEA】

海天幻迹

阅读指南

《海中奇迹》共分为四章：第一章“扬帆起航”，追溯船舰发展的雏形及早期海上的船体轮廓；第二章“两战对决”，世界大战期间的海上“良将”；第三章“海骑英姿”，现代化战争职责值守及铸造格局；第四章“海天幻迹”，未来海上的科技尖兵及科幻作品中的“巨躯嶙峋”。

篇章名称

本章节的标题名称，每个章节都使用不同颜色的底色标记。

篇章英文

章节名称的英文翻译。

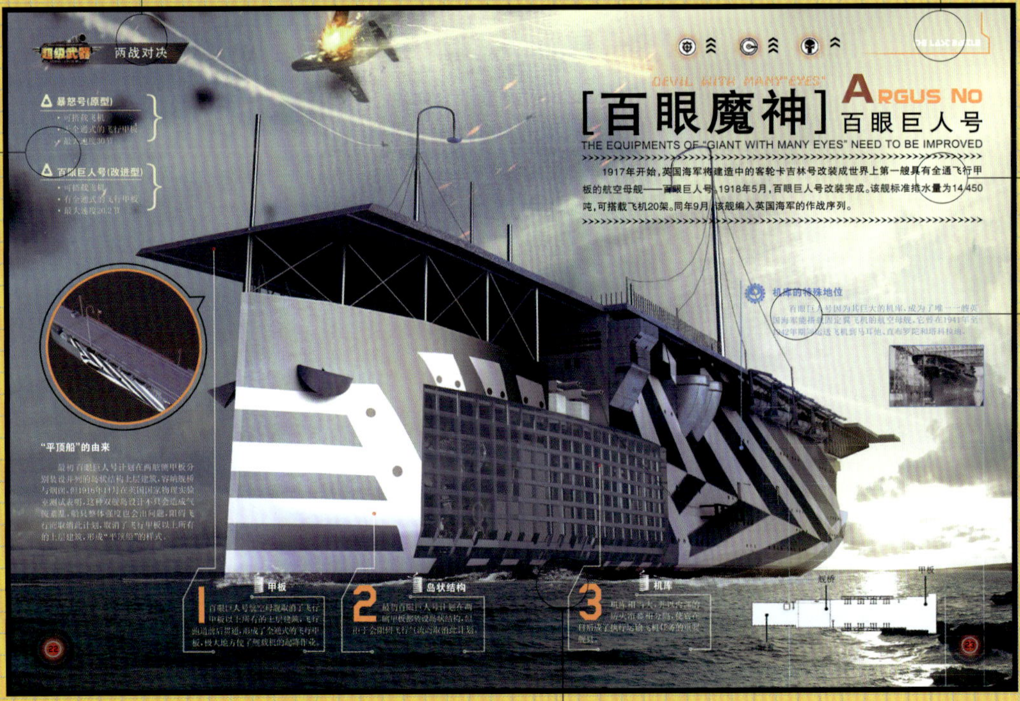

比照

同类型船舰装备的数据比对。

主文字

介绍船舰历史人文主线的文字内容。

周边趣闻

与主题船舰相关的趣味性故事。

名词解释

船舰部件的相关知识介绍。

能力值

防御力、攻击力、攻击范围的能量指数。

标准型号

船舰的国际通用名称。

剖视图示

坦克内部工作原理的图面演示。

船舰构成

组成船舰的主要部件名称介绍。

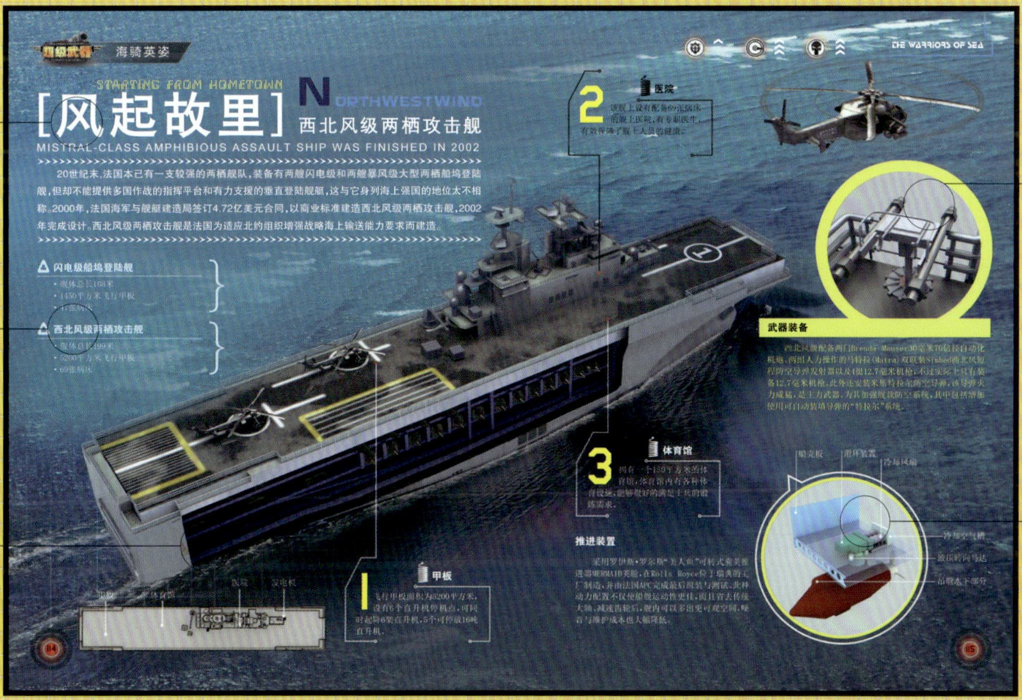

主标题

主文字的标题文字内容。

原理解剖

船舰最突出、最具特色的功能原理解剖。

比照

同类型船舰装备的数据比对。

原理分解

船舰工作原理的分步说明。

比照

同类型船舰装备的数据比对。

圣玛利亚号(古时西方船只)

- 哥伦比亚随行船
- 用于远洋航行
- 船长约35米

郑和宝船(古时中国船只)

- 郑和随行船
- 用于远洋航行
- 船长超过了100米

全木结构

全木结构:明代船舶工艺发展到有锹钉、铁锔、铲钉、蚂蟥钉等,使复杂的木结构可轻易地通拼合、加固在一起。

1405年,明朝皇帝为向周边地区展示天朝神威,特派郑和下西洋。郑和每到一处,都将天朝物品赠予他国。郑和船队中最大的海船是郑和宝船,郑和宝船是郑和船队的主体,也是郑和率领的海上特混舰队的旗舰。也有说郑和宝船是郑和下西洋船队中的海船总称,是指多种不同船型、不同尺度、不同用途的海船组成的郑和船队。船上有各种礼品和贡品,因此被称为“郑和宝船”。

IN THE MIDDLE TREASURE

[承前启后] 郑和宝船

THE ZHENG HE “TREASURE SHIP” TOOK MANY GIFTS AND OFFERINGS

THE ANCIENT ARK

[古时方舟]

WING

春秋吴国大翼战船

WU BIG WING WARSHIP WAS ONE OF THE EARLIEST CHINESE WARSHIPS

春秋战国时代，铁制工具的使用和诸侯争战，促使这一时期造船技术的进步和水运业的发展，出现了各类船舶。为适应战斗需要，还出现一系列战船。一些沿海诸国把战船划分为“大翼”“中翼”“小翼”“突冒”等，并有“余皇”一类的战船作为王船（旗舰）。吴国大翼战船是中国最早出现的战船之一，在技术上，大翼战船已领先世界，成为古代中国船只称雄世界的基石。

船身

船身分为两层：下层是库房和船工划桨的地方，上层是作战的士兵，可运载相当数量给养和武器装备。

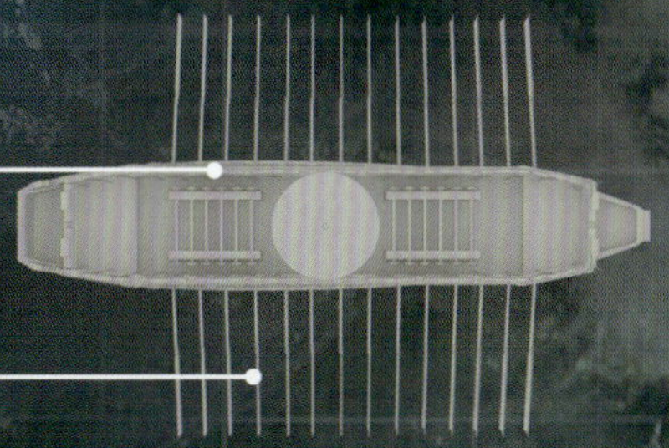

大哈里号(古时风帆战船)

- 英国建造
- 21门火炮
- 只能远距离搏斗

总督号(古时风帆战船)

- 英国建造
- 225门火炮
- 只能近距离搏斗

桅杆设计

风帆战船的船体为木质。对于木质战船来说，防腐十分重要。大哈里号风帆战船有四根桅杆，除了战船中部设有主桅外，船首、船尾设有前桅、后桅。后桅共有2根，张挂有5张四角帆。

桅杆

大哈里号风帆战船有三根桅杆，除战船中部设有主桅外，船首、船尾设前桅、后桅，后桅共2根。

THE COLONIAL PIONEER

[殖民先锋]

HARRY

大哈里号火炮风帆战船

"BIG HARRY" WAS THE WORLD'S STRONGEST SAILING WARSHIP

世界战船从桨帆战船向风帆战船的过渡，整整持续了数个世纪。风帆战船以风帆为主要动力，并辅以桨橹。1514年，英国建造了一艘世界上真正意义的火炮风帆战船大哈里号火炮风帆战船，大哈里号风帆战船装有21门火炮，是中世纪战船和火炮的结合，也是当时世界上最强大的战船。1547年，英国的一支由44艘该型号的火炮风帆战船组成的强大舰队在海洋上耀武扬威，组成坚不可摧的火力防线。

船匠大师

伊丽莎白女王继位后委托海军的司库一约翰·霍金斯来设计新军舰。霍金斯研究解析了大哈里号，决定降低塔状的船楼，船体放长收窄，使船的长宽比从原来的3:1扩展到4:1。霍金斯还引进了组合式桅杆，帆状的式样也成为以后一批军舰的经典规范。他还被英国王室授予"船匠大师"的头衔。

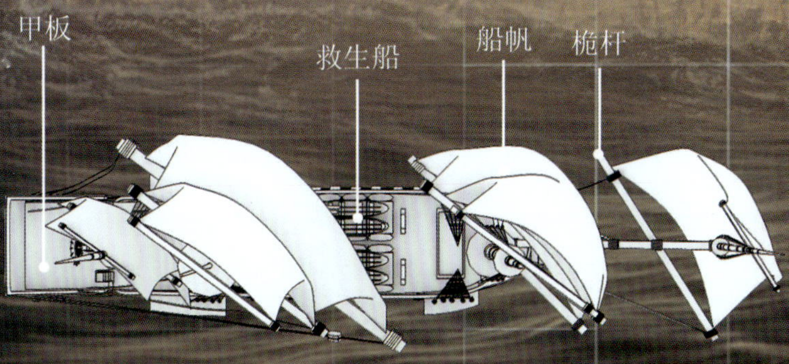

2 铜炮

装有21门火炮，射程1457米，它们分别装在多层甲板上，火炮炮管从战船上一排圆形舷窗中伸出来。

THE PROTOTYPE OF SUBMARINE

[潜艇雏形]

TURTLES

海龟号潜艇

"TURTLE" SUBMARINE BROUGHT A HOPE TO AMERICAN ARMY

蒸汽机出现以前，人们只能以人力推进潜艇。海龟号潜艇于1776年9月6日至7日下水。它是美国人D·布什内尔设计建造，通过脚踏阀门向水舱注水，可使艇潜至水下6米，能在水下停留约30分钟。1776年9月，海龟号潜艇偷袭停泊在纽约港的英国军舰“鹰”号，虽未获成功，但开创了潜艇首次袭击军舰的尝试。它是秘密武器，给美国陆军带来了极大的希望。

海龟号潜艇（最早人力潜艇）

- 人力推进
- 能在水下停留约30分钟
- 下潜深度为6米

潜水者号潜艇（最早人力潜艇）

- 电动机推进
- 能在水下潜航3小时
- 下潜深度为12米

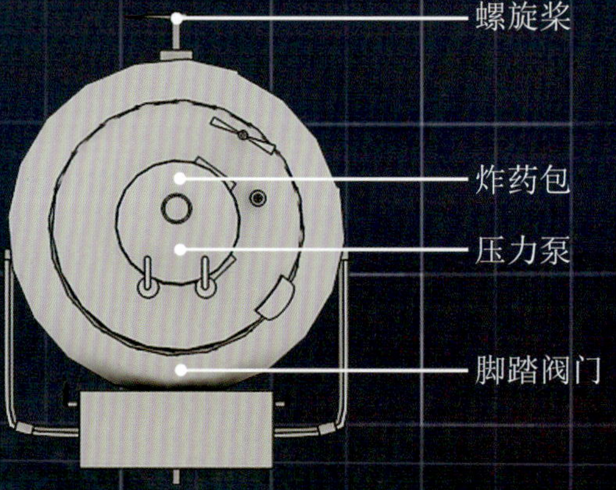

压力泵

艇内有手操压力水泵，排出水舱内的水，使艇上浮；目前，台式压力泵因其便携等特点代表了产品未来的发展方向。

THREATING AND LOOTING

PIRATE

[威吓袭劫] 海盗船

THE BANNER WITH A SKULL IS A SYMBOL OF PIRATE SHIP

自从人类开始利用船只运输货物以来，海盗船便应运而生。特别是航海发达的16世纪后，只要是商业发达的沿海地带都有海盗船出现，而相应的，挂着骷髅头的旗帜也成为海盗船的标志。1691年至1723年，被称为30年的海盗“黄金时代”，成千上万的海盗船活动在商业航线上，这个时代的结束以最成功的海盗之一巴沙洛缪·罗伯茨的死为标志。现代海盗船的性质已经不同于过去，而且部分海盗船更有科技化及集团化之特征。

骷髅头的旗帜

随着海上商业的不断发展，各国商船通过挂旗帜来表明自己的国家和属性。而这一行为也间接的促成了海盗旗的出现。从古代文献资料出发，已经确定，奇里乞亚的海盗为了吓唬敌人而在自己船桅上升起画着骷髅头和骨架的旗帜（死亡的象征符号），这一符号并非是海盗船唯一标记。

拿破仑号（法国制造）

- 制造时间1849年
- 仍挂有风帆作为动力
- 使用大口径火炮

勇士号（英国制造）

- 制造时间1861年
- 仍挂有风帆作为动力
- 使用大口径火炮

船锚

锚是确保船舶安全的一种必不可少的设备。主要由锚冠、稍轴、锚爪、锚柄、锚杆及锚卸扣组成。船锚的作用主要就是固定、稳定船。船在随风移动时是水平运动，向侧弯锚尖就抓住地了；起锚是垂直运动，锚尖就变为侧上方，也就脱离了地面。锚的重量不大，但船与锚之间的重量比是有计算公式的。

火炮

大口径舰炮，具有很强的突击威力，在海战中通常是由多艘列成单纵队战列线进行炮战。

THE PIONEER OF STEAM SHIP

[蒸汽先驱]

NAPOLEON 拿破仑号战列舰

THE "NAPOLEON" ENTERED IN THE RANK OF FRIGATE

19世纪中叶后，随着科学技术和造船工业的发展，风帆战列舰逐渐让位于蒸汽战舰。1849年，法国建造出世界第一艘以蒸汽机为辅助动力装置的战列舰——拿破仑号，它成为海军蒸汽动力战列舰的先驱。拿破仑号战列舰使用螺旋桨推进，保留了风帆。该船行进时加上辅助风帆，航速达14节(注：1节=1海里/时=1.852千米/时)，已进入快速舰的行列。

撞角是固定在战舰舰首的用以撞毁敌船的突出物。当时的战舰在船首安装金属撞角，当战舰需要攻击敌船时，会收起风帆，桨手全力划行，以最大船速冲击敌舰，这样船首安装的撞角就能破开敌舰的外壳。后期人们发明了弩炮和投石机，在这些新发明之下，撞角战逐渐淡出了海战舞台。

撞角

2 舰体

钢质舰体，满载排水量可达12 000吨，舰体防护装甲的厚度达到230毫米~450毫米，拥有当时最强装甲防护。

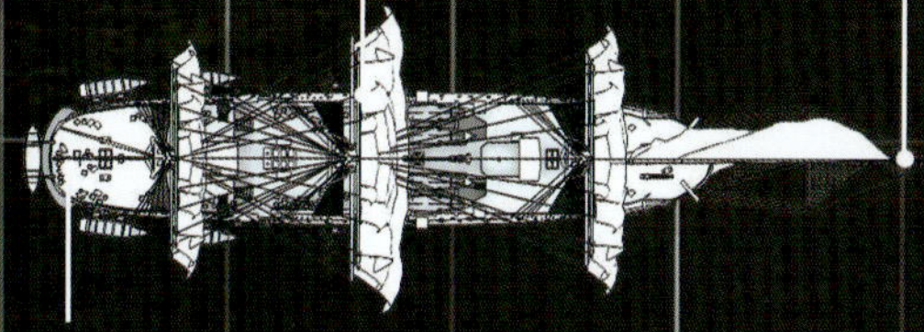

NAVAL BATTLE OF 1894

[甲午风云] YOSHINO 吉野号快速巡洋舰

“YOSHINO” FAST CRUISER WAS SNAPPED UP BY JAPANESE

中日甲午战争中，日本的吉野号快速巡洋舰是联合舰队主力舰，是第1游击队旗舰。它先后参加丰岛海战、黄海海战和威海卫海战三场战役。吉野号原为清政府洋务大臣李鸿章向英国订购的当时最先进的快速巡洋舰，但由于欧洲对清政府施行武器禁运，李鸿章只好放弃购买，最后却被有意侵占朝鲜和中国的日本抢购了。

1 防护结构

防护方面，中央隆起部厚度1.75英寸（4.44厘米），侧面倾斜部厚度4.5英寸（11.43厘米）。

2 速射炮

舰上配6英寸（15.24厘米）速射炮4门，4.7英寸（11.94厘米）速射炮8门，及鱼雷发射管5具。

北洋水师被重创

黄海海战中，吉野号作为日军游击编队领舰，率巡洋舰“高千穗”“秋津洲”“浪速”冲击北洋水师舰列横队之右翼，重创北洋水师“超勇”“杨威”二舰。随后，吉野号为夹击北洋水师而带队从“致远”舰正面通过，遭“致远”舰以冲角战术突击。吉野号规避并施放鱼雷，“致远”舰回避不及爆炸沉没。

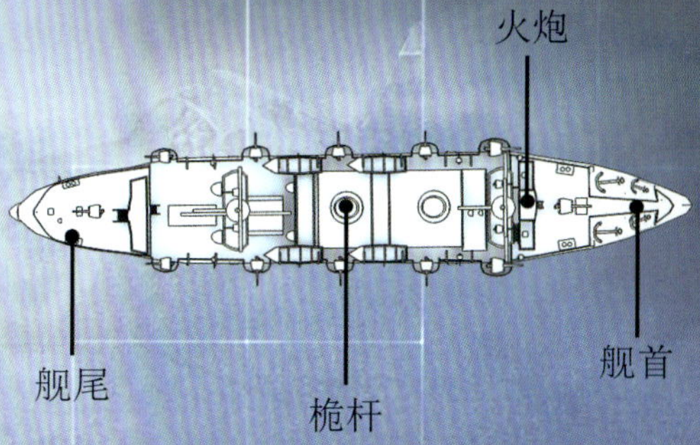

浪速号

- 排水量3709吨
- 舰长91.4米
- 吃水5.8米

吉野号

- 排水量4150吨
- 舰长109.73米
- 吃水5.18米

吉野号使用的弹药多为爆破弹，用于摧毁对方无装甲的上层建筑，杀伤对方船员并造成火灾。在甲午海战中，北洋水师超勇号、杨威号、致远号、经远号都被大口径爆破弹击沉，来远号、定远号都因击中起火而被迫退出战斗。

爆破弹

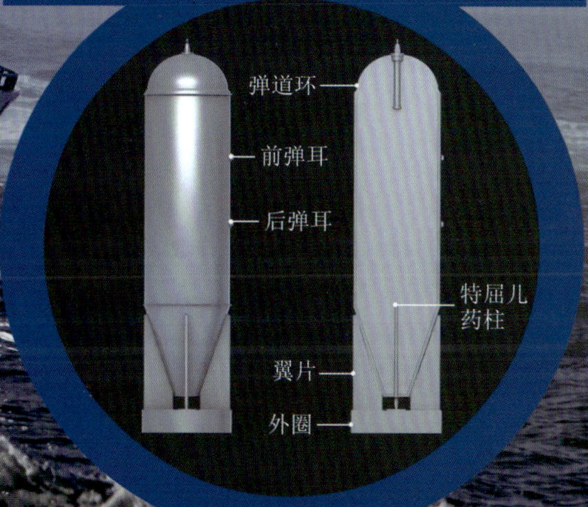

3 燃煤锅炉

燃煤锅炉是指燃烧煤，煤炭热量经转化后，产生蒸汽或者变成热水，但并不是所有的热量全部有效转化。

纳尔逊级战列舰（英国建造）

- 建造时间晚
- 兼有主炮和副炮
- 标准排水量33 950吨

无畏级战列舰（英国建造）

- 建造时间晚
- 统一使用主炮
- 标准排水量18 410吨

火炮配置

炮塔正面279毫米，炮座279毫米，前指挥塔279毫米。无畏级与以往战列舰最大的区别是引用“全重型火炮”概念，采用10门统一型号的、弹道性能一致的12英寸（305毫米）口径主炮。

无畏级战列舰由英国海军设计，是世界上第一种全主炮战列舰，装有10门305毫米主炮，未装副炮。该舰于1906年服役，是当时火力最强，航速最快的战列舰。无畏级战列舰是英国海军的一艘具有划时代设计的战列舰，也是一艘使以往的战列舰在一夜间旧式化的先进军舰，因此它的名字成为了“现代化战列舰”的统称，无畏级战列舰的问世，开创了海军学术史上大舰巨炮的新时代。

THE BRAVE BATTLESHIP

[无畏披靡] 无畏级战列舰

“FEARLESS” BATTLESHIP OPENED A NEW ERA OF SHIP CANNON

装甲

舰侧水线装甲带102毫米~279毫米，炮塔和炮座都装备重型装甲，装甲总重5000吨。

2 甲板

装甲板采用多层布置，最厚处3层共75毫米，主甲板采用穹型，中间隆起两边稍低，下与舷侧装甲对接。

1 舱内厨房

艇内厨房空间狭小，仅能容下两台电炉和一个清洗餐具的水池，保存着剩余的食物原料。

2 柴油机引擎

德国U型潜艇上最恶劣的工作环境就是主柴油机舱，舱内装有两台长达6米的柴油机引擎。

IIA型（派生型号）

- 排水量：水面254吨
- 最大速度：水面13节
- 续航：水下35海里

VIIC型（派生型号）

- 排水量：水面769吨
- 最大速度：水面17.7节
- 续航：水下80海里

1906年初，德国人建造了以柴油机为动力的U型潜艇，是二战中最神秘的武器，偷袭是它唯一的战术。在“二战”中的大西洋上，德国的U艇肆无忌惮地在盟军的海上交通线上“猎杀”盟军的船只。仅仅在1942年11月，U艇就击沉了盟军118艘船只，造成了盟军难以承受的损失。

THE "FANG" IN DEEP SEA

[深海獠牙] U-BOAT 德国U型潜艇

THE ONLY TACTICS OF GERMAN U-BOAT IS SNEAK ATTACE

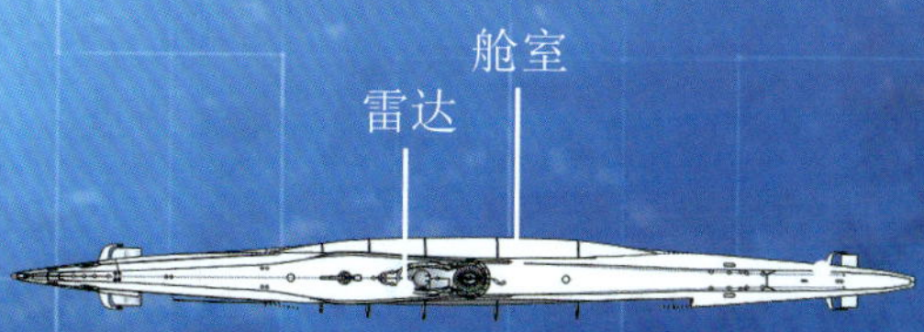

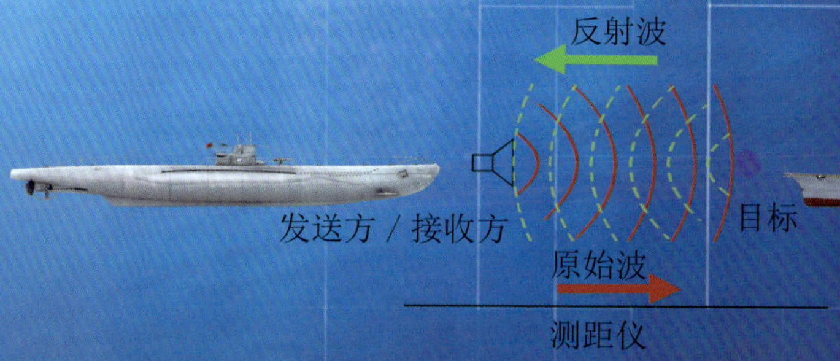

声呐的用途

声呐是利用水中声波进行探测、定位和通信的电子设备。先用声源发出声波，声波照射到水中物体后反射回来，通过不同的物体反射声信号的强度和频谱信息不同这一特征，声呐接收后会将这些包含丰富内容的信息经过数据处理，再与数据库里面的数据比照，就能判断照射物体是什么，甚至能判别其航速、航向。

潜艇上浮下沉的奥妙

潜艇能够上浮和下沉是通过改变自身重力来实现的。把压缩空气压入潜艇的压力舱，将海水排出，潜艇自重减小，当浮力大于重力时，潜艇上浮；打开压力舱的阀门，让海水进入压力舱内，潜艇自重增大，当浮力小于重力时，潜艇下沉；当浮力等于重力时，潜艇悬浮，可以停留在任何深度。

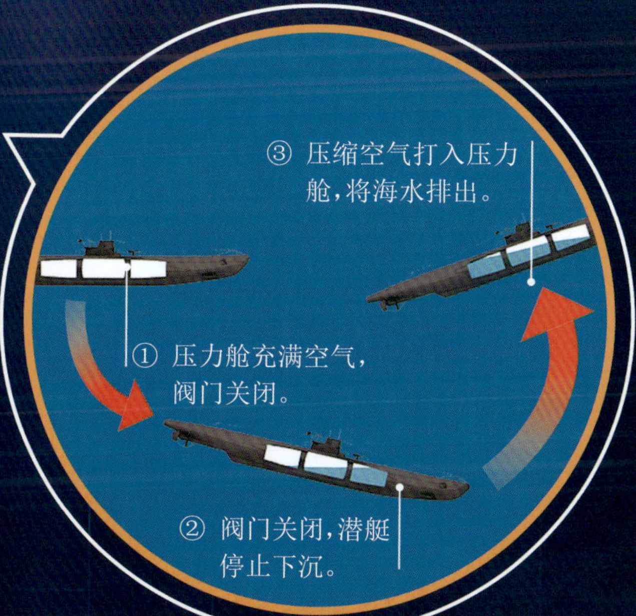

3 起居室

艇长的起居室较大，门口安装了布帘以保证较为私密的空间，但艇长室往往位于潜艇内部的中心位置。

暴怒号(原型)

- 可搭载飞机
- 无全通式的飞行甲板
- 最大速度30节

百眼巨人号(改进型)

- 可搭载飞机
- 有全通式的飞行甲板
- 最大速度20.2节

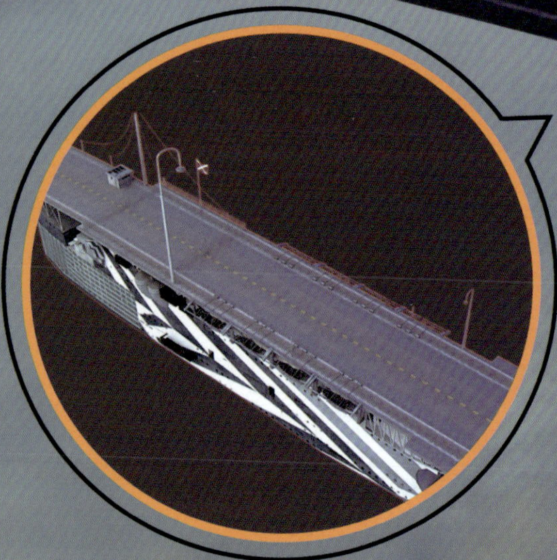

“平顶船”的由来

最初百眼巨人号计划在两舷侧甲板分别装设并列的岛状结构上层建筑，容纳舰桥与烟囱。但1916年11月在英国国家物理实验室测试表明，这种双舰岛设计不只会造成气流紊乱，船只整体强度也会出问题，阻碍飞行而取消此计划，取消了飞行甲板以上所有的上层建筑，形成“平顶船”的样式。

1 甲板

百眼巨人号航空母舰取消了飞行甲板以上所有的上层建筑，飞行跑道前后贯通，形成了全通式的飞行甲板，极大地方便了舰载机的起降作业。

2 岛状结构

最初百眼巨人号计划在两侧甲板都装设岛状结构，但由于会阻碍飞行气流而取消此计划。

DEVIL WITH MANY"EYES"

[百眼魔神]

ARGUS NO 百眼巨人号

THE EQUIPMENTS OF "GIANT WITH MANY EYES" NEED TO BE IMPROVED

1917年开始，英国海军将建造中的客轮卡吉林号改装成世界上第一艘具有全通飞行甲板的航空母舰——百眼巨人号。1918年5月，百眼巨人号改装完成。该舰标准排水量为14 450吨，可搭载飞机20架。同年9月，该舰编入英国海军的作战序列。

机库的特殊地位

百眼巨人号因为其巨大的机库，成为了唯一一艘英国海军能搭载固定翼飞机的航空母舰。它曾在1941年至1942年期间运送飞机到马耳他、直布罗陀和塔科拉迪。

3 机库

机库相当大，并以内部的防火帘幕相分隔，使它在日后成了执行运输飞机任务的重要舰只。

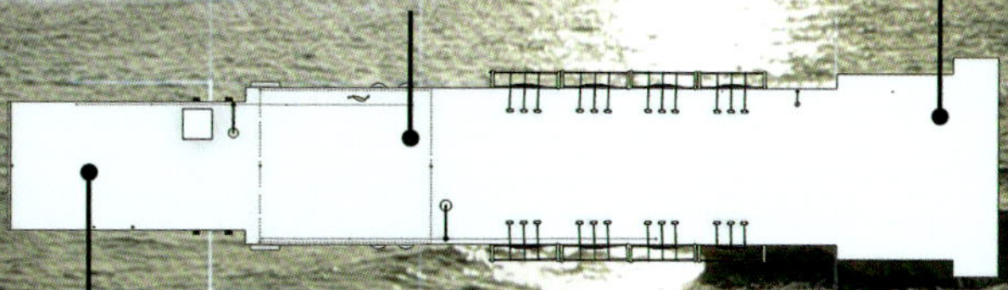

长门号(日本制造)

- 吃水9.1米
- 标准排水量32 720吨
- 航速超过26节

科罗拉多号(美国制造)

- 吃水11.6米
- 标准排水量32 500吨
- 最大航速21节

2 前烟囱

该舰服役后，为克服前主桅桅楼与前烟囱距离过近导致排烟倒灌的问题，将前烟囱改成大幅度向后弯曲，远离桅楼。

1 防御装甲

防御装甲设计借鉴了重点防护概念，加强了重点区域防御装甲，以抵御远距离炮战大角度落弹的打击。

大舰巨炮主义

海19世纪末，随着造船技术的进步、“海权论”的问世以及海上作战方式的新发展，人类海战迈入大舰巨炮时代。“一战”前，各国纷纷投巨资建造巨型战舰，各型“无畏舰”诞生则是大舰巨炮主义最集中的表现。

THE FLAGSHIP

[雾岛旗舰] BATTLESHIP 长门级战列舰

"NAGATO" WARSHIP IS COMPLETELY DESIGNED BY JAPANESE ALONE

在第一次世界大战中，势力迅速膨胀的日本为争夺海上霸权制造了长门级战列舰。由于之前的日本战列舰多是英国设计或者是基于英国设计的更改，所以摆脱了英式战舰的影响完全由日本自行设计的长门级战列舰被视为“第一型纯日本血统的战舰”。该舰建造了两艘——“长门”号和“陆奥”号，顺应了当时各国竞相计划搭载更大口径主炮，动力性能更高和增加装甲防护的趋势。

中途岛海战中的表现

太平洋战争期间，由于长门级战列舰在战争初期较少参加战争而被讽刺为“柱岛舰队”。1942年6月，“长门”和“陆奥”编入由联合舰队司令山本五十六指挥的主力部队参加了中途岛海战，当日军机动部队的四艘航空母舰被摧毁时，主力部队尚在后面三百海里处，于是“长门”和“陆奥”未发射一发炮弹，中途岛海战以日本失败告终。

3 主炮

该舰最大的特点是采用当时战列舰所搭载最大口径的410毫米口径主炮，4座双联装主炮塔各布置两座。

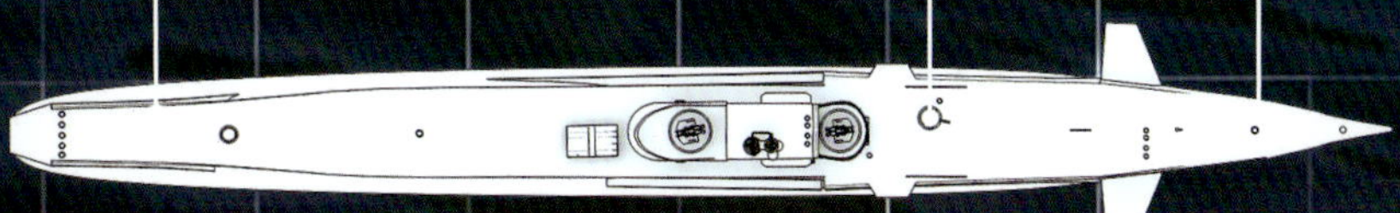

交锋战败

第二次世界大战期间，美日两军在萨沃岛海域交锋。古鹰级遭到美舰的雷达控制主炮的集中射击，舰上起火，完全失去战斗和航行能力，最后沉没。

船型

古鹰级采用平甲板船型，为了达到日本海军要求的高航速，古鹰级舰体长宽比较大，舰艄舷弧提高了耐波性。

"一战"后，美国、英国、日本、法国和意大利五个海军强国签订了《限制海军军备条约》，旨在摆脱军备竞赛带来的财政负担。为此，这些国家努力研制既符合条约也符合需求的武器。古鹰级巡洋舰是条约舰，共建造了两艘，即"古鹰"号和"加古"号，完成于1926年。古鹰级是日本建造的首级重巡洋舰，为著名的夕张级轻巡洋舰的后继舰，也是日本在条约签订后建造的最早装备20厘米口径主炮的巡洋舰。

REGROUPING

[重装上阵] OLDEAGLE

古鹰级重型巡洋舰

"OLD EAGLE" WAS A HEAVY CRUISER WHICH BUILT BY JAPANESE

2 主炮

该舰配备双联装(6门)203毫米舰炮。

3 舰桥

舰桥是该舰的大脑，是操控舰和指挥作战的地方，代表了一艘军舰的整体风貌，是海军战术和舰船技术发展的写照。

古鹰级重巡洋舰(原型)

- 重巡洋舰
- 三座双联装炮塔
- 标准排水量8700吨

青叶级重巡洋舰(改进型)

- 重巡洋舰
- 三座双联装炮塔
- 标准排水量9100吨

重型巡洋舰

该舰是巡洋舰的一种，是排水量、装甲和火力方面强于轻巡洋舰但弱于战列舰的重型巡洋舰。是在排水量、火力、装甲防护等方面仅次于战列舰的大型水面舰艇，巡洋舰拥有同时对付多个作战目标的能力。现代巡洋舰排水量一般在0.7万吨~2.5万吨，装备导弹、火炮、鱼雷、直升机等武器，分常规动力巡洋舰和核动力巡洋舰。

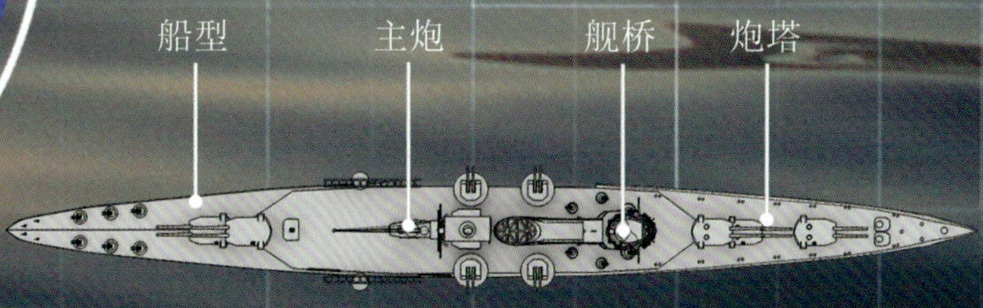

THE BIG GUY

[巨鳄洪魔] AIRCRAFT 赤城号航母

"AKAGI" WAS SUNK BY JAPANESE FOR NOT BEING CAPTURED

日本海军敏锐地意识到搭载飞机为主要作战武器的战舰对海战将产生本质影响，所以将大量的精力投入到赤城号之中。赤城号航空母舰1925年4月下水，于1927年3月完工。赤城号原本设计是一艘战列巡洋舰，中途改建为航空母舰。中途岛海战中，为使赤城号航母不落入美国之手，日本将领下令将其击沉。

列克星敦航母(美国制造)

- 搭载重炮
- 美国生产
- 航速33节

赤城号航母(日本制造)

- 搭载舰炮
- 日本生产
- 航速31节

弯曲烟囱

英国海军的航母烟囱有的是直立的，有的是水平式；而美国海军航母是直立的。通过研究对比，赤城号采用了伸向舷外的横卧式弯曲烟囱。这种设计消除了烟囱排烟对飞机着舰造成的不良影响，锅炉的废气从向下弯曲的烟囱排出还能减少对飞机的起降障碍，还可以减少红外特征，减少被射击的概率。

不合理的甲板设置

赤城号在右舷安装了一个小型岛式上层建筑。由于上层甲板没有岛式建筑，舰桥只能设在甲板下面，给操舰和作战都带来极大不便；下层甲板跑道过短，无法适应高速单翼机的起飞需要。后来进行了现代化改装。取消不实用的中下两层飞行甲板，拆除中层飞行甲板前面的2座双联装200毫米炮。上层飞行甲板改为全通式。

2 下甲板

中层甲板供小型飞机起飞，长约15米，下甲板层较长供大型飞机起飞，长55米，宽23米。

1 火炮

赤城号完工时安装了10门200毫米口径火炮，用来打击巡洋舰，其中两座双联装炮塔并列安装在甲板上。

THE NO.1 OF TREATY

[条约巨头]

NELSON 纳尔逊级战列舰

"NELSON" BATTLESHIP WAS A MEMBER OF AMERICAN "7 GIANTS"

纳尔逊级战列舰是英国建造的一种战列舰，以特拉法尔加海战的英雄霍雷肖·纳尔逊（英国海军上将）的名字所命名。根据日德兰海战的经验教训，此战舰着重提升装甲防护水平，采用倾斜布置水线装甲带，是当时舷侧水线装甲最厚的战舰，且采用了强化水平防护装甲以增加水密隔舱等间接防御设施。是一型装备16英寸（40.64厘米）主炮的战列舰，与日本的长门级战列舰、美国的科罗拉多级战列舰等7艘拥有最大口径火炮的战列舰并称为"七巨头"。

1921年11月，海军裁军会议在美国华盛顿召开，经过一番讨价还价，最终确定英、美、日、意、法海军主力战舰。英国则能够在条约规定的吨位内建造一级安装16英寸（40.64厘米）主炮的战列舰，而不受条约中10年内不得建造战列舰的规定的约束。根据这一协议，英国建造的第一级条约型战列舰"纳尔逊"诞生了。

条约型战列舰

2 舰桥

舰桥设计与过去战舰低矮狭小的舰桥不同，为远距离炮战观测的需要，设计成将观测设施与舰桥融合的塔状舰桥。

3 水线装甲带

根据日德兰海战的经验教训，纳尔逊级战列舰着重提升装甲防护水平，首次采用了倾斜布置水线装甲带。

1 主炮

该战列舰安装16英寸（40.64厘米）口径主炮，主炮威力提高有限，其射击精度不如15英寸（38.1厘米）口径炮。

长门级战列舰（日本第一型）

- 有最大口径火炮
- 产于日本
- 最高速度26.5节

纳尔逊级战列舰（英国第一型）

- 有最大口径火炮
- 产于英国
- 最高速度23.8节

平甲板船型

纳尔逊级战列舰采用平甲板船型，不再是以往英国战舰常用的艏楼船型。平甲板船型，是指主舱室挨着机舱布置在舰体前部或后部，而不是布置在甲板之上，在甲板水平线之上没有宽度超过舰宽95%以上的建筑。因为这时期蒸汽机体积极其庞大，而舰艇排水量较小，为了降低重心，舱室就不能安排在甲板以上了。

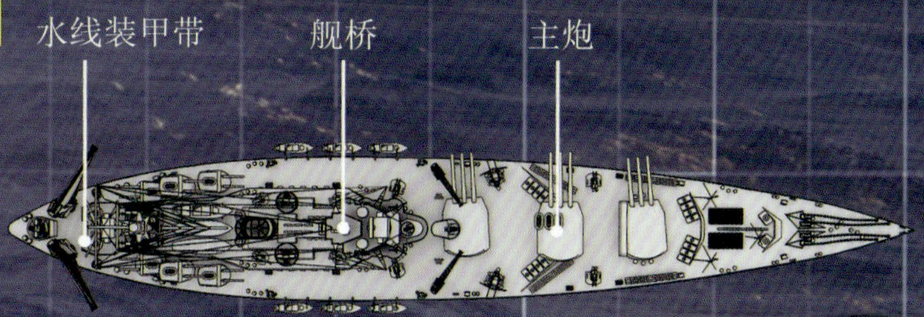

S-26级(发展型)

- 船长40米
- MG34双联机枪
- 鱼雷发射管从甲板上移置舰内

S艇(原型)

- 船长32.76米
- 8座7.92毫米机枪
- 鱼雷发射管在甲板上

圆底式船底

S艇是一艘40吨重的快艇，具有3具总输出3000德制马力(PS)的汽油引擎，为了耐海性因此使用了圆底式船底而非一般高速艇常见的平底构型。这种构型兼顾了小型船的适航性以及速度，最高航速可达37节。并创下当时小型快艇极速纪录，受到德国海军的注意。德海军总共制造18艘S艇，并逐步修改设计符合作战需求。

“一战”后，《凡尔赛条约》下各条约国的军事生产都受到限制。当时德国缺少小型巡逻艇，有趣的是，S艇参照1927年为美国企业家奥托·赫曼·卡恩制造的私人游艇——Oheka2型设计。S艇船体比美国的PT艇和英国的机动鱼雷艇还要大得多，适合到外海进行长距离作战。S型艇于20世纪30年代开始服役，在第二次世界大战中雄风独具，成了民船和战舰闻之丧胆的克星。

THE NAZI'S E BOAT

[纳粹E艇] S艇

SCHNELLBOOT

THE S BOAT WAS THE BANE OF CIVILLIAN SHIPS AND WARSHIPS

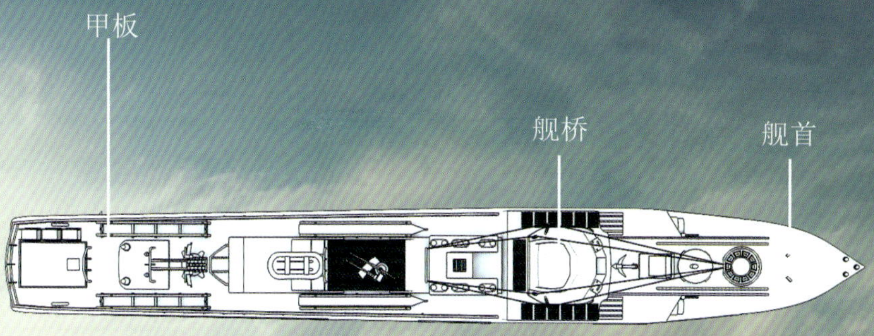

2 柴油引擎

“二战”爆发前，S艇的动力来源于MAN制7汽缸直列式柴油引擎，但这种柴油机动力不足。

1 主舵

主舵旁装设偏30度角辅助舵制造卢尔森效应，该构型可让三螺旋桨船高速行驶，强化螺旋桨输出效益。

格拉夫·斯佩号(德国)

- 正常排水量为12 294吨
- 满载排水量达到16 460吨
- 全长187.98米

无畏级战列舰(英国)

- 标准排水量18 110吨
- 满载排水量21 840吨
- 全长160.6米

"上将"号传奇

"格拉夫·斯佩海军上将"号是德国海军袖珍战列舰中最具传奇的一艘。1939年9月30日，该号战列舰在伯南布哥邻近水域俘获英国一艘多用途货船。此后3个月，该战列舰频频得手：10月5日，击沉了"牛顿海滩"号，俘获了"阿什利"号；10月10日，拦截了"猎人"号；接着乘10月22日收拾了不定期货船"特里文尼恩"号。

1 装甲

在受到排水量限制与追求重火力的情况下，装甲防护与重巡洋舰相当，装甲总重量只占标准排水量20%左右。

2 舰炮

由于格拉夫·斯佩海军上将号有两座主炮炮塔，不能将炮火分散到多个目标，这是海战中失利的原因。

ONE CAN HOLD HUNDREDS

[一夫当关] GRAF·SPERRY 格拉夫·斯佩海军上将袖珍战列舰

"GRAF•ARLEN" POCKET BATTLESHIP WAS WORKED IN 1936

1939年9月，英、法两国在德国入侵波兰的第3天双双对德宣战。当时，英国舰队的实力远非德国舰队能比，英国立即封锁了德国的北海沿岸及波罗的海的出口。不过在战争开始前，为防止英国出此招，德国海军司令雷德尔预先将1936年1月6日完工入役的格拉夫·斯佩海军上将号袖珍战列舰和另一艘袖珍战列舰德意志号及部分潜艇派到了海上，战争一爆发它们便立即向同盟国的运输商船发起了袭击。

3 鱼雷发射管

凭借33门火炮和8具鱼雷发射管，独自扼守南大西洋的水面交通要道，名为"袖珍"，火力超过一般重巡洋舰。

袖珍战列舰

袖珍战列舰是德国海军在条约限制下充分发挥当时的技术优势，结合德国海军的战术需求而精心设计建造的，被其他国家海军称其为"袖珍战列舰"。第二次世界大战中德国海军将其重新划分为巡洋舰。这些舰首次出现时，航速高过几乎任何一艘比它们强大的战列舰。"袖珍战列舰"确实对欧洲海军强国产生了影响。

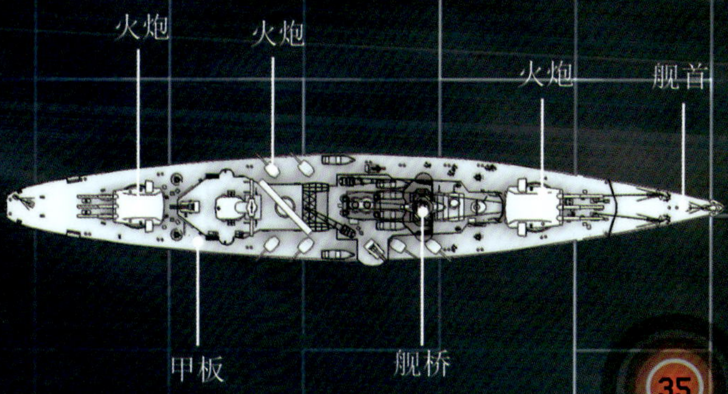

BRITISH BULLET

[英伦弹丸]

SUBMANINES

英国T级潜艇

BRITISH T-CLASS SUBMARINE IS A DIESEL-ELECTRIC SUBMARINE

“二战”前，英国开始建造一种柴电动力潜艇，共建成55艘，该艇命名为T级潜艇。T级潜艇被设计主要用来替代O级、P级和R级艇，其排水量保持在1325吨左右是为了在《伦敦条约》许可的潜艇吨位范围内建造更多的潜艇。T级潜艇在大战中共损失了15艘。英国T级潜艇第一批共建造15艘，“二战”期间共有9艘战沉；第二批共建造7艘，主要于地中海地区服役；第三批又称图坦卡蒙级，该级艇建造于“二战”后期，战争期间仅有两艘损毁，部分潜艇一直服役到60年代末70年代初。

1 鱼雷发射管

6具533毫米鱼雷发射管（艇首4具，艇尾2具），发射管通用，可发射导弹和鱼雷，尺寸不同，也能发射。

2 密封垫

是一种用于机械、设备、管道等内部，起密封作用的材料，一经打开便是最大排水量，排水快速通畅，不会积水。

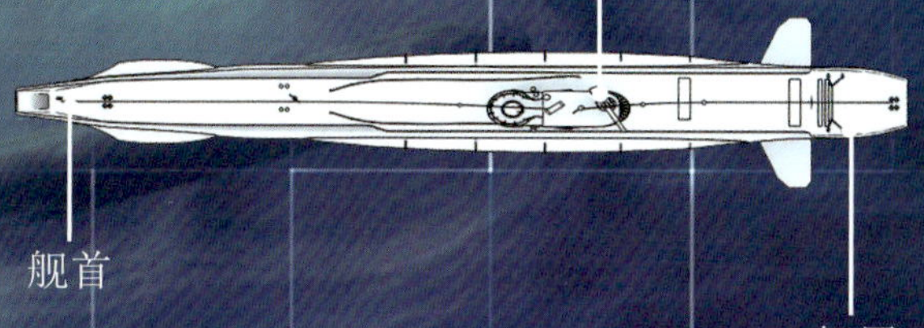

O级潜艇(英国潜艇)

- 最大航速:水下9节
- 动力:柴/电推进
- 功率:水下1006千瓦

T级潜艇(英国潜艇)

- 最大航速:水下9节
- 动力:柴/电推进
- 功率:水下1081千瓦

3 住舱

住舱内广泛使用胶木之类现代化材料,最初标准铺位数是48个,设计过程中逐渐增至53甚至超过60个。

空泡效应

当螺旋桨转动时,划动水流排向后方,桨叶吸水方向水流压力小于排水方向水流压力。桨叶转速增到某一数值,桨叶吸水方向水流压力降到海水饱和蒸汽压力时,一部分海水就要汽化成为水蒸气,并在桨叶的吸水面上出现气泡溢出,这就是空泡效应。避免螺旋桨产生空泡效应而暴露潜艇位置,通常采用多叶的大叶低转数螺旋桨。

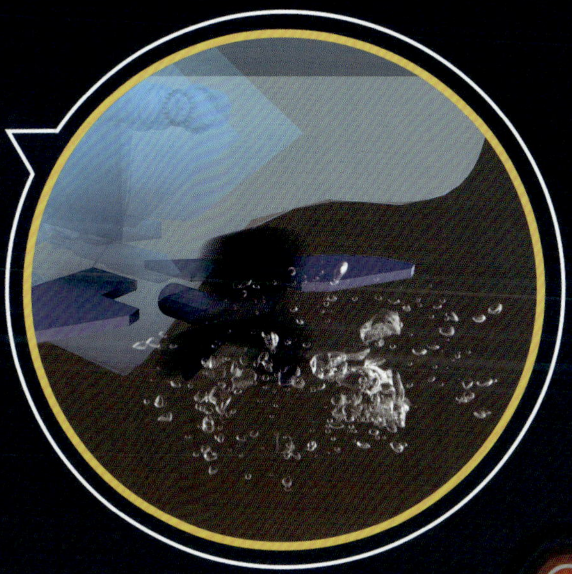

THE SIX-MINUTE KILLER

[六分首杀] BISMARCK 俾斯麦号战列舰

"BISMARCK" SUNK THE RMS HOOD WITHIN SIX MINUTES

德国历史上有一位铁血首相——俾斯麦，他自上而下地统一了德国。为纪念这位在德国历史上具有举足轻重地位的人物，将德国汉斯·布洛姆造船厂建造的一架战列舰命名为“俾斯麦号”。俾斯麦号始建于1931年7月，1939年2月下水，1940年8月建成服役，是当时吨位最大、技术最先进的战列舰之一。“俾斯麦”号特别出名的原因是在1941年5月24日的丹麦海峡海战中6分钟内击沉了英国海军最大也是最著名的“胡德”号战列巡洋舰。

俾斯麦号战列舰(原型舰)

- 舰长250.5米
- 标准排水量为41 700吨
- 8座双联装380毫米SKC34炮

提尔皮茨号(姊妹舰)

- 舰长253.6米
- 标准排水量45 474吨
- 8座双联装37毫米高炮

1 舰体

坚固的焊接舰体以及30.8节的航速，令俾斯麦号能有效地吸引及相当程度上应付任何敌军战列舰。

2 主炮塔

主炮塔为前后对称呈背负式布局，舰桥前后各布置两座，射程不低于纳尔逊级45倍口径16英寸(40.64厘米)主炮。

铁血宰相

俾斯麦，1815年4月1日出生在普鲁士兴奥森小镇中一个富裕的地主家庭。在家族传统的熏陶下，俾斯麦成为了德国名垂青史的人物。任普鲁士宰相期间，在政治上进行改革，军事上整顿军备，扩充军队，通过三次王朝战争打败了丹麦、奥地利、法兰西，统一德意志。因为他性格刚强，政治手段强硬，所以被后人称为“铁血宰相”。

3 装甲

主侧舷装甲320毫米；双层装甲甲板，上装甲板50毫米~80毫米，主装甲板80毫米~120毫米布置在第三甲板处。

4 武装

4座双联装380毫米/52倍径SKC34主炮；6座双联装150毫米/55倍径副炮；8座双联装105毫米高炮。

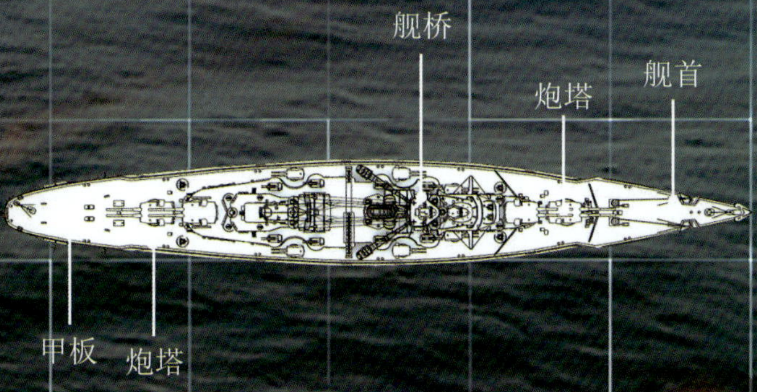

战列舰

是一种以大口径火炮的攻击力与厚重装甲的防护力为主的高吨位海军作战舰艇，也是能执行远洋作战任务的大型水面军舰。由于战列舰上装备有威力巨大的大口径舰炮和厚重装甲，具有强大攻击力和防护力，所以，战列舰曾经是海军编队的战斗核心，是水面战斗舰艇编队主力。

经过“二战”的洗礼，雪风号成为了唯一一艘于终战时仍然残存的日本驱逐舰。“雪风”是属于“阳炎”型8号舰。阳炎级驱逐舰是指日本摆脱条约约束后完全按照日本海军建设思路设计生产的一型舰队驱逐舰。雪风号驱逐舰于1940年竣工并投入战争。日本海军的驱逐舰，经常投入激战区令损耗率极高，而雪风号一方面曾参与过16次以上的作战并取得战果，另一方面近乎丝毫无损的状态存留至战争完结，因此被称为“奇迹的驱逐舰”。

THE GREAT "KAGARO"

[奇迹阳炎] SNOW WINP

雪风号驱逐舰

“YUKIKAZE”DESTROYER BELONGS TO “KAGARO” NUMBER 8 WARSHIP

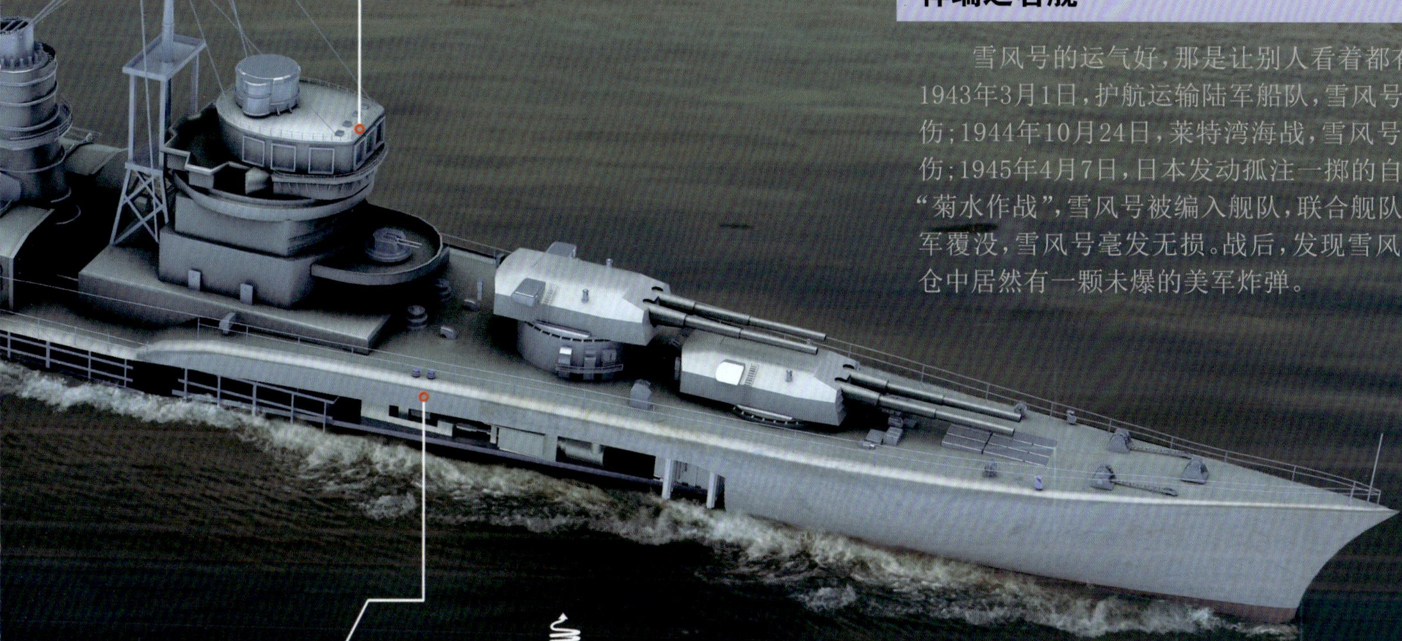

2 舰桥

舰桥是军舰的大脑，是指挥作战的地方，设置在舰艇上层建筑中的航行、作战指挥和操纵部位。

祥瑞之名舰

雪风号的运气好，那是让别人看着都有气的。1943年3月1日，护航运输陆军船队，雪风号毫发无伤；1944年10月24日，莱特湾海战，雪风号毫发无伤；1945年4月7日，日本发动孤注一掷的自杀攻击“菊水作战”，雪风号被编入舰队，联合舰队几乎全军覆没，雪风号毫发无损。战后，发现雪风号的粮仓中居然有一颗未爆的美军炸弹。

3 轮机舱

轮机舱的安排有缺陷，为了提高抗打击性，轮机左右轴原计划是分别置放在不同的舱室，但没有能够实现。

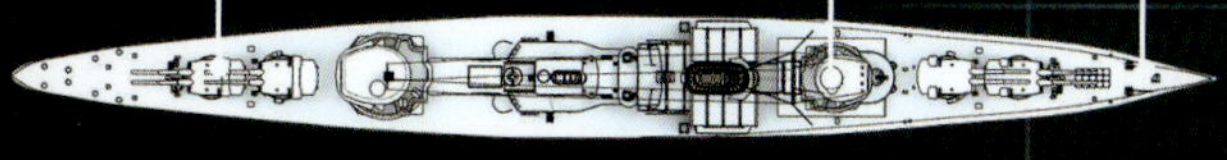

长门号战列舰（日本制造）

- 最高速度：25.3节
- 乘员：1368人
- 功率：82 000匹

大和号战列舰（日本制造）

- 最高速度：27.46节
- 乘员：3300人
- 功率：153 553匹

生不逢时

日本海军对它的期望值很大，将其当做最后决战的王牌，未经许可联合舰队不得轻易动用。然而，大和舰建成服役之时，恰好赶上战列舰的霸主地位被航空母舰所取代的时代。太平洋战争中在美国航空母舰特混舰队打击下，大和号几乎无所作为。

1 蒸汽轮机

安装4座蒸汽轮机，蒸汽压力25千克每平方厘米，蒸汽温度325度，最高输出功率114 504千瓦。

2 舰桥

舰桥高达45米，舰桥是军舰大脑，是操控舰和指挥作战的地方，设置在舰艇上层建筑中的航行、作战指挥和操纵部位。

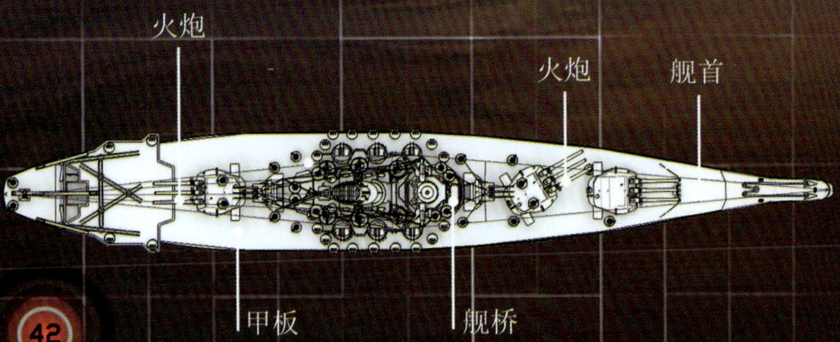

A SPENT FORCE

[强弩之末] JAPANESE 大和号战列舰

"YAMATO" WAS THE MOST POWERFUL BATTLESHIP IN THE WROLD

20世纪30年代初，已经跻身于世界海军强国之列的日本海军开始在太平洋地区向美、英挑战。为此，日本大量研制武器，大和号就是其中之一。大和号的吨位，主炮威力，装甲厚度超过了同时代的战列舰，是名副其实的世界最强战列舰，是日本海军建造的历史上最大的超级战列舰之一。它于1937年11月4日在吴港造船厂开工，1941年12月完工。大和号建成时，标准排水量65 000吨。

强大的主炮

大和号以其巨型主炮闻名于世。主炮为三联装94式45倍径460毫米口径舰炮，3联装主炮塔三座，一座炮塔内三门火炮总重为1720吨，加上炮塔装甲和弹药的重量，单座炮塔的旋回部的重量总重为2774吨。炮塔俯仰角+45度，火炮装填炮弹时，固定在+3度，俯仰速度每秒8度，发射速度1.8发每分，每发炮弹装药量330千克。

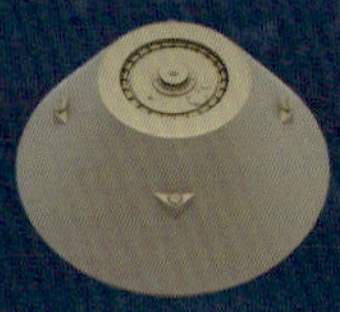

沉底水雷

反潜水雷

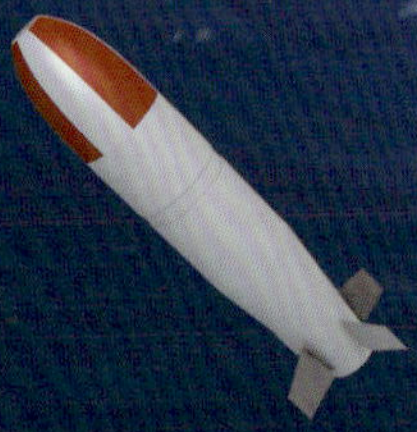

火箭上浮水雷

威力强大的水雷

水雷是指放置于水中针对舰艇或潜艇的爆炸装置。与深水炸弹不同，水雷是预先施放，一般漂浮于水面，由舰艇靠近或接触而引发的，这一点类似于地雷。“小鲨鱼”可携带自航式沉底水雷、反潜水雷、反潜火箭锚雷、火箭上浮水雷等30枚水雷。可完成反潜、反舰、防空、对陆攻击等多种作战任务，攻击力强。

甲板舰炮

由于作战经验显示7.62厘米舰炮准确有余但威力不足，甲板舰炮大多升级为1门10.14厘米50倍径舰炮。

1941年珍珠港事件之后，美军太平洋舰队遭受了重创，一时间太平洋地区的海军优势转向了日本。为了应对日军海军联合舰队咄咄逼人的攻势，美国海军以小鲨鱼(Gato)级潜艇为主要力量，发起了闻名后世的“狼群作战”，为太平洋舰队赢得宝贵的喘息时间。从1941年到1945年，小鲨鱼潜艇一系列的扰袭作战行动打击了日军太平洋地区的海上交通线，为后来的中途岛等战役的胜利打下了坚实的基础。

THE KILLER OF SUN

[旭日杀手]

GATO

美国小鲨鱼级潜艇

AMERICAN GATO-CLASS SUBMARIN IS A NUCLEAR SUBMARINE

2 餐厅

餐厅位于舱室内，是供艇内人员进餐和为艇内的人员提供营养供给的地方，当然，餐厅也有厨房，能够做饭。

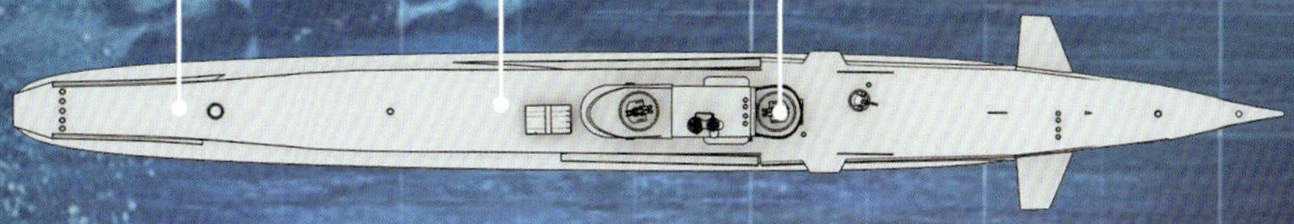

辉煌战绩

1944年6月19日上午，马里亚纳海域空战正酣时，一艘闯入日军编队的美军潜艇大青花鱼号升起潜望镜发现了日军第一机动部队旗舰大凤号航母。大青花鱼号在水下逼近大凤号，到达攻击阵位，一连发射6枚鱼雷。一枚鱼雷命中大凤号航母并造成燃料泄露，最终导致其爆炸沉没。大青花鱼号凭借此役一战成名。

小鲨鱼级潜艇（鼓鱼级基础上改进）

- 排水量：水面1526吨，水下2424吨
- 功率：4027千瓦/水面，2043千瓦/水下
- 动力：柴/电推进，双轴

鼓鱼级潜艇

- 排水量：水面1475吨，水下2370吨
- 功率：4027千瓦/水面，2043千瓦/水下
- 动力：柴/电推进，双轴

3 鱼雷发射管

最初服役时前方有6具鱼雷发射管，后方有4具鱼雷发射管，舰内可携带24枚鱼雷。

CONTROLLING THE NATURE

[呼风唤雨] MINEKAZE 峰风级驱逐舰

MINEKAZE CLASS DESTROYER LEFT AN INDELIBLE MARK

19世纪末，甲午战争的胜利使得日本开始迈入海军强国的队伍，作为新式武器的驱逐舰顺理成章地加入到了常备舰队中。日本海军从1918年至1922年间建造了15艘峰风级驱逐舰，该型驱逐舰的完成意味着可以按照日军自有的战略战术指导思想。无论其性质如何，峰风级作为日本国产舰艇的先行者和参加第二次世界大战的日本驱逐舰，在历史上留下了不可磨灭的痕迹。

居住舱

由于隔舱思想的引用，前后两个生活区的交通必须通过甲板上的通道而不是直接在舰体内部穿行。

整个舰首的外形为八舰队时代特色的圆形弧线，这种设计在当时被认为可有效提高耐波性。圆弧形状的舰首就是为了防止自己被水雷中间的链子挂上，这样的舰首设计在当时的其他国家海军眼中是个谜。峰风级入役之时海军方面空开的数据是最高航速34节，隐藏了最高38节的实质。

舰首的特色

2 水雷

水雷由两个水雷组成，日本人设想在舰队决战之前先行于预定交战海域布置大量的该型水雷。

3 锅炉室

锅炉室共3个，每个锅炉室各装备2台锅炉，并分为1~3锅炉室。

峰风级驱逐舰（日本驱逐舰）

- 长97.54米
- 双轴推进
- 最大航速39节

阳炎级驱逐舰（日本驱逐舰）

- 长118.49米
- 双轴推进
- 最大航速35节

汽艇

舰桥两侧各挂有6米小艇一条，后桅右舷搭载6米汽艇一艘，左舷是6米交通艇一艘，共计小艇4艘。这些小艇在整个太平洋战争中被广泛使用。整艇的充气浮力胎被隔成多个独立气室，分隔设置有很高的气密性，即使个别气室破损时，其他部分仍可保持足够浮力，供士兵在紧急情况下乘其逃生。

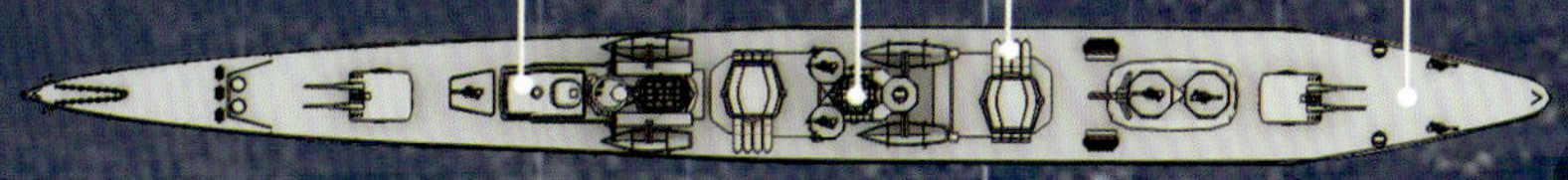

企业号(姊妹舰)

- 满载排水量 94 000 吨
- 乘员超过 5000 人
- 动力 20 880 千瓦

大黄蜂号(原型舰)

- 满载排水量 25 000 吨
- 乘员 2700 人
- 动力 89 782 千瓦

空袭东京

1942年4月2日，大黄蜂号载着16架B-25轰炸机出航，与企业号会合后，于4月18日清晨，杜立特中校率领16架飞机B-25轰炸机从大黄蜂号起飞，成功地空袭了东京和附近的城市。这一行动对美国和日本都产生了巨大的震动，罗斯福总统开玩笑说，飞机是从“香格里拉”起飞的，这个“香格里拉”也就是大黄蜂号。

指挥塔

潜望镜等放在舰体内占用了大量空间，而甲板设有指挥塔，这些部件就可以放在指挥塔上，给舰体节省了空间。

美国海军利用华盛顿海军条约规定的额度，建造两艘两万吨级航空母舰(称为“约克城”级)。黄蜂号航空母舰是“约克城”级航空母舰的三号舰。与“约克城”级前两艘相比，大黄蜂号舰体和航速稍有增大，同时加大了水面和水下防护。大黄蜂号航空母舰有3部升降机，开放式机库，位于右舷的岛式上层建筑和烟囱连为一体。大黄蜂号于1939年9月25日开工，1940年11月下水，1941年10月正式服役。

THE SHAGNGRI-LA

[香格里拉] U-SS 大黄蜂号航空母舰

USS HORNET WAS OFFICIALLY SERVED IN OCTOBER,1941

蒸汽弹射起飞

使用一个平的甲板作为飞机跑道，起飞时一个蒸汽驱动的弹射装置带动飞机在两秒钟内达到起飞速度。只有美国具备生产这种蒸汽弹射器的成熟技术。在工作原理上，蒸汽弹射器是以高压蒸汽推动活塞带动弹射轨道上的滑块，把与之相连的舰载机弹射出去的。它体积庞大，功率浪费严重，约6%的蒸汽被利用。

3 火炮

该舰甲板四周均配备了火炮，分别是：5英寸火炮5座，40毫米高射炮30座，20毫米高射炮最多60座。

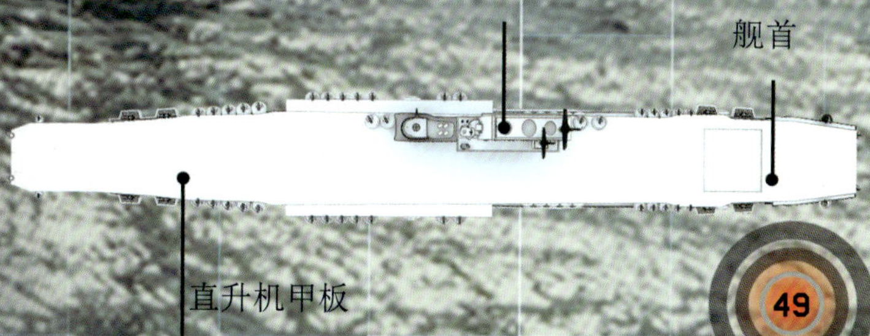

2 甲板

航空母舰的甲板被人们称为世界上最危险的"4.5英亩"，如不注意周围的情况，随时可能有意外。

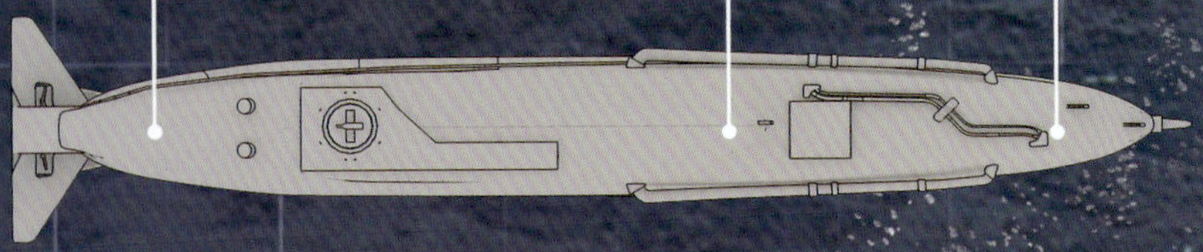

导航

捷联惯性导航+全球定位导航系统，并可以随意修正航向，低频无线电、水声通信、北斗通信、卫星通信。

X型袖珍潜艇

- 该艇艇长14.6米
- 排水量39吨
- 内装炸药约两吨

凯旋车微型潜艇

- 艇长6.7米
- 排水量1.5吨
- 内装炸药0.272吨

袖珍潜艇的出现为“二战”海战史上写下了浓墨重彩的一笔，无论是日本袖珍潜艇袭击珍珠港，还是意大利袖珍潜艇使用人操鱼雷袭击亚历山大港，都是广为人知的战例，但历史上最成功的袖珍潜艇袭击是英国海军完成的。1940年，英国海军部正式接受了克伦威尔·瓦利海军中校的设计方案，这种袖珍潜艇长15.25米。第一艘艇建成时，代号叫做X型珍潜艇，X型袖珍艇排水量虽只有几吨，但在实战中证明了自己的价值。

THE MINITYPE HUNTER

[微型猎手] X-TYPE 英国X型袖珍潜艇

BRITISH X POCKET SUBMARINE PROVES ITS VALUE IN ACTUAL COMBAT

猎杀北方孤狼

“二战”中，英国的微型潜艇曾有过辉煌的战绩。1942年9月20日，3艘X型袖珍潜艇到达挪威峡湾，它们分头行动，寻找要攻击的目标——德国战列舰“梯尔皮茨”。虽然英国的3艘X型袖珍潜艇的艇体被击沉，但是，德国的战列舰“梯尔皮茨”号被袭击后舰体破损，在英国轰炸机的轰炸下，结束了它的一生。

3 发动机

水面航行时，以柴油机为动力，与汽油发动机油的行程类似，也经历进气、压缩、做功、排气四个行程。

2 水密舱

英国X型袖珍潜艇全艇分4个水密舱，在艇的两舷携载有2个可分的离炸药筒，每个炸药筒可容纳一吨烈性炸药。

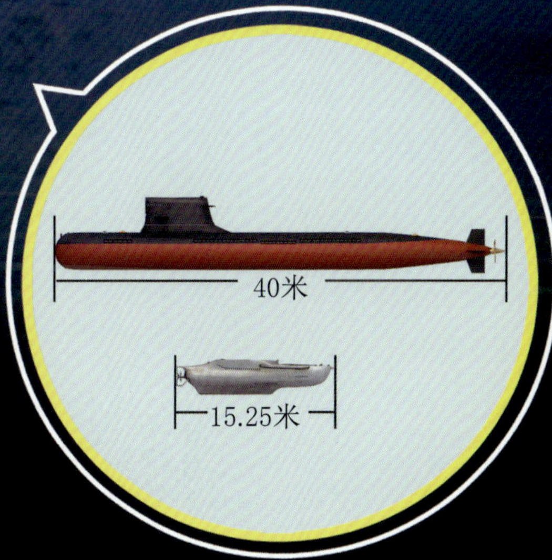

微型潜艇

微型潜艇也叫袖珍潜艇，主要是用在军事、警备、研究及探勘上。微型潜艇火力薄弱，但是可以支援特种作战，及帮助其他潜艇或者船舰进行补给。这种潜艇长度小，乘员少，排水量少于100吨。“一战”后意大利发展了名为“凯旋车”微型潜艇，英国和日本也发展各自的微型潜艇，并在“二战”中得到应用，取得一定战果。

THE LAST MONMENT

[终战时刻] MISSOURI 密苏里号战列舰

"MISSOURI" BATTLESHIP PERFECTLY ENDED THE WWII

"二战"末期，有一艘战列舰服役不久，却因1945年9月2日作为"二战"日本无条件投降的签字地点而声名大震。该舰便是以美国总统杜鲁门家乡的州名命名的密苏里号。密苏里号战列舰是美国海军依阿华级战列舰中的第四艘，1944年6月11日下水服役，1945年正式加入美国太平洋舰队，1945年2月~7月先后参加硫黄岛战役、冲绳岛战役和对日本本土的攻击作战。1945年9月2日9时2分，停泊在日本东京湾中的"密苏里"号为第二次世界大战画上了句号。

1 装甲

全舰通体有装甲防护，一般部位厚150毫米，重要部位达400毫米，是战后世界上装甲最厚的水面战舰。

2 高爆弹

高爆弹重862千克，射程38千米，能在地面炸出一个6米深、直径30米以上弹坑，毁伤范围超百米。

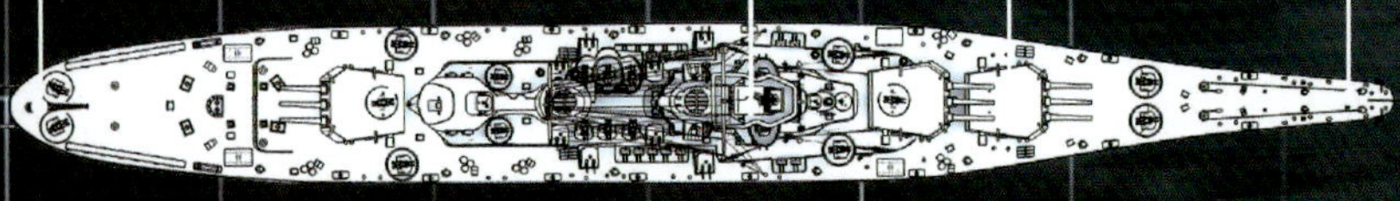

依阿华号战列舰(首舰)

- 依阿华级战列舰第一艘
- 1942年8月27日下水
- 1965年1月9日改装为博物馆舰

密苏里号战列舰(同型舰)

- 依阿华级战列舰第四艘
- 1944年1月29日下水
- 1998年5月4日捐赠为博物馆舰

6 管炮的风采

密苏里号右舷的一门6管近防炮非常显眼，每分钟可发射3000发炮弹，形成密集弹幕。对付来袭的飞机导弹这就是最后一道防线，采用16寸（约53.3厘米）炮的炮弹和装药（白色的水桶粗细的圆柱体）。这种炮弹没有弹筒，装填时向炮膛先装入弹头，然后直接装药。

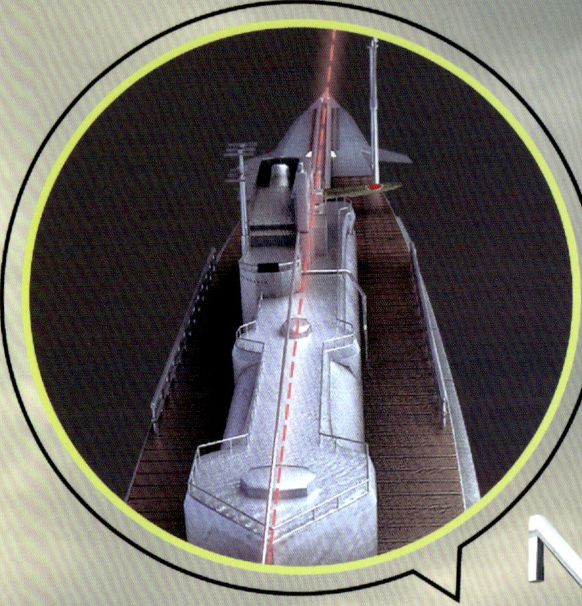

不对称设计

艇体上部左右不对称，3架水上攻击机收藏库置于上甲板右舷处，指挥台围壳则置于左侧。这种设计是为不浪费空间，任何军舰内部左右都是不对称的，但从外观上看不出来。而伊-400级却从外观上一眼就可看出。伊-400级的舰桥和指挥塔偏离中线17.78厘米，为保持全艇平衡，机库位置相应向反方向偏移5.08厘米。

伊-401水下航母（伊-400级潜艇）

- 全长122米
- 排水量5220吨
- 航速：水上80节以上

伊-400水下航母（伊-400级潜艇）

- 全长122米
- 排水量3550吨~6560吨
- 航速：水上60节

最有名的潜水航母

“二战”时期，日本决定发展潜水航母潜行到美国近海对美国本土进行军事打击，潜水航母就是载机潜艇，在潜艇甲板上或围壳里装上水密容器，搭载1架或数架飞机，到目标海域如敌国海岸，进行侦查、发动攻击或炮火校正，事后收回飞机，潜艇离开。潜水航母最有名的就是日本“二战”研制的伊-400级潜艇。

THE SECRET ATTACKING

[潜行狙击]

RAQ-400

伊-400级水下航母

IRAQI 400 LEVEL UNDERWATER AIRCRAFT CARRIER IS ADVANCED

太平洋战争中，日本在工业和兵器技术上远远落后于美国，这是他们失败的一个重要原因。然而日本的伊-400级大型载机潜艇却是一个例外，伊-400级潜艇是日本海军在第二次世界大战中造得最好的一件海军兵器，在意义上甚至超过大和级战列舰。即使以今天的眼光来看，潜水航空母舰的设想也是相当超前的。虽然伊-400级的作战思想和设计都相当先进，但和德国XXI型潜艇一样，因为到来得太迟而无法影响“二战”的结局。

2 甲板

伊-400级的主甲板宽大，甲板上有一座2.9212米，直径30.48厘米的机库，可容纳3架折叠的“晴岚”飞机。

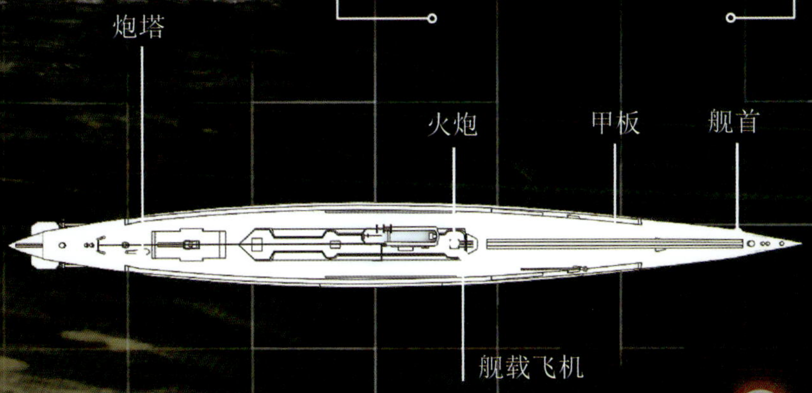

1 鱼雷舱室

艇首有两个鱼雷舱室，每舱有纵列的四具30.48厘米口径鱼雷发射管，共备雷20条，伊-400级的下潜时间为56秒。

大和号战列舰(日本制造)

- 标准排水量65 000吨
- 全长263米
- 吃水10.4米

蒙大拿级战列舰(美国制造)

- 标准排水量65 000吨
- 全长280.9米
- 吃水11米

没有玩具的可怜孩子

从1943年7月开始，美国海军转向以航空母舰为核心，从而战列舰的海上霸主的统治地位由航母取代。这个“战列舰中的霸主”随即取消建造。蒙大拿州在历史上有两艘同名的战列舰，但均在建成前被取消。蒙大拿州也“有幸地”成了美国历史上唯一一个没有同名战列舰的州，还被戏称为“没有玩具的可怜孩子”。

1 船身

这艘战舰的侧舷装甲也很大程度上超过了当时其他级别的战列舰，而且船身宽，全部采用厚装甲。

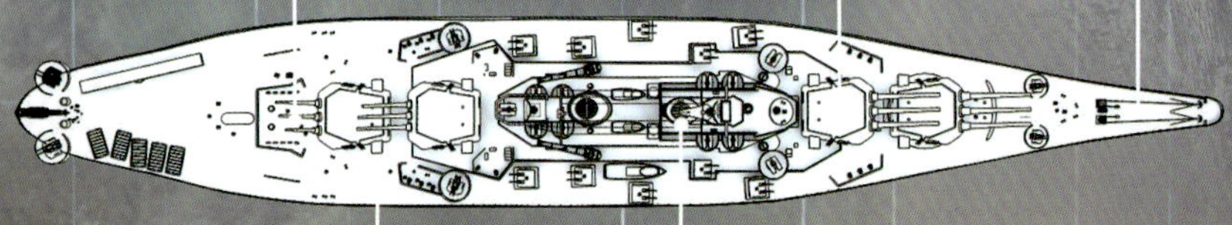

2 甲板

水平防御方面，该级舰的第一甲板和第二甲板装甲厚度大幅增加，使甲板总厚度达到263毫米。

DOMINATING THE "DOUBLE"

[双洋霸权] MONTANA 蒙大拿级战列舰

THE PLAN OF BUILDING "MONTANA" BATTLESHIP WAS NOT ACHIEVED

1940年，美国海军曾在"双洋海军"计划中批准了蒙大拿级战列舰的建造计划，蒙大拿级原本是美国海军为对抗日本大和级而建造的大型战列舰，但是，在"二战"期间美国海军需要建造大量的航空母舰、两栖登陆舰和反潜舰，从而导致了蒙大拿级战列舰建造计划于1942年5月全部取消，当时该级别的战列舰却还没有铺设一根龙骨，因为"二战"后期各种因素的影响，最终没有建成。

主炮设计

蒙大拿级有406毫米主炮，由于美国的火炮制造技术比较先进，虽然蒙大拿级主炮口径比大和级小了5.08厘米，蒙大拿级在火力密集上占有优势——每分钟主炮发射穿甲弹重量约达29.4吨，而大和级仅为19.71吨。况且蒙大拿级有4座主炮塔，而大和级只有3座，在射击的灵活性上蒙大拿级也占上风。

3 舷侧装甲带

防护能力是美国战列舰中最强的，蒙大拿级的舷侧装甲带在水线处的厚度为409毫米，带19度倾斜角。

潜艇耐压壳体

鹦鹉螺号采用了潜艇耐压壳体，好处是潜艇潜入水下能承受深水压力，并使艇体具有更好的水密性。通常以横舱壁将其分隔成3个~8个密封舱室，内设各种设备、武器装备、生活设施和操纵指挥部位。肋骨呈环形，横向地布置在耐压艇体内部（称内肋骨）或外部（称外肋骨）；横舱壁是壳板的支撑结构，起到分隔舱室的作用。

耐压舱室

耐压艇体内总共分为6个舱室，顺序从艏至艉依次是鱼雷舱、居住舱、作战指挥舱、反应堆舱、主机舱和艉舱。

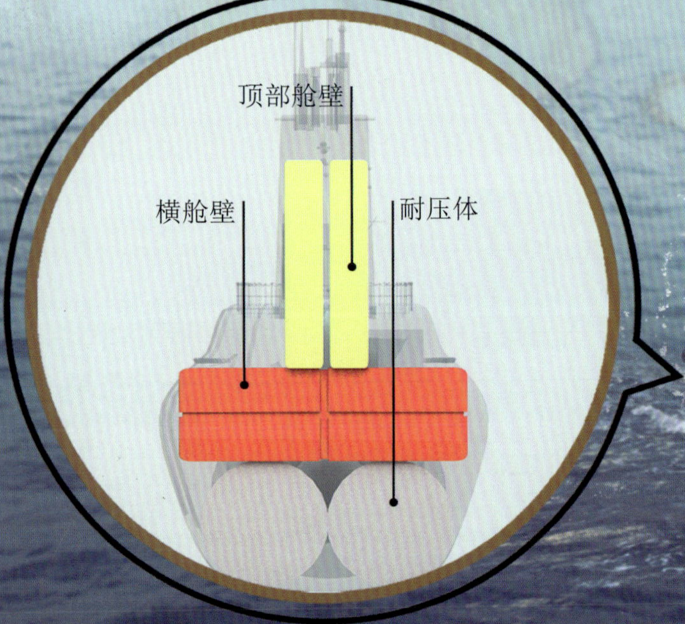

1951年7月美国国会批准一纸建造草案，授权建造一艘核子动力潜艇。除了是世界上第一艘实际运作服役的核动力潜艇外，也是第一艘实际航行穿越北极的船只。1952年6月14日命名为鹦鹉螺号的核潜艇在美国格罗顿举行铺设龙骨的仪式。1954年1月21日正式下水。1958年8月鹦鹉螺号从冰层下穿越北冰洋冰冠，从太平洋驶进大西洋，完成了常规动力潜艇所无法想象的壮举，之后美国宣布将不再制造常规核动力潜艇。

DEEP KILLING INTENTION

[深潜杀机]

NAUTILUS

美国鹦鹉螺号核潜艇

AMERICAN "NAUTILUS" NUCLEAR SUBMARINE IS FULL OF POWER

2 声呐

装备的声呐是AN/BQR-2B型艏部声呐，改装之后在该艇的前甲板右舷增设了AN/BQR-3A型声呐。

1955年1月17日上午，艇长尤金•P•威尔金森上校站在世界上第一艘核潜艇鹦鹉螺号的指挥台上发出了解缆的命令。这艘令人瞩目的核潜艇缓缓地驶离了电船分公司的系泊码头。11时整，当鹦鹉螺号核潜艇刚一驶入主航道，艇上的信号兵就用灯光发出了具有划时代意义的信号“该艇正在使用核动力航行！”

意义非凡的“航迹”

俄亥俄级(美国建造)

- 现役
- 弹道导弹核潜艇
- 4具鱼雷发射管

鹦鹉螺号(美国建造)

- 退役
- 攻击型潜艇
- 6具鱼雷发射管

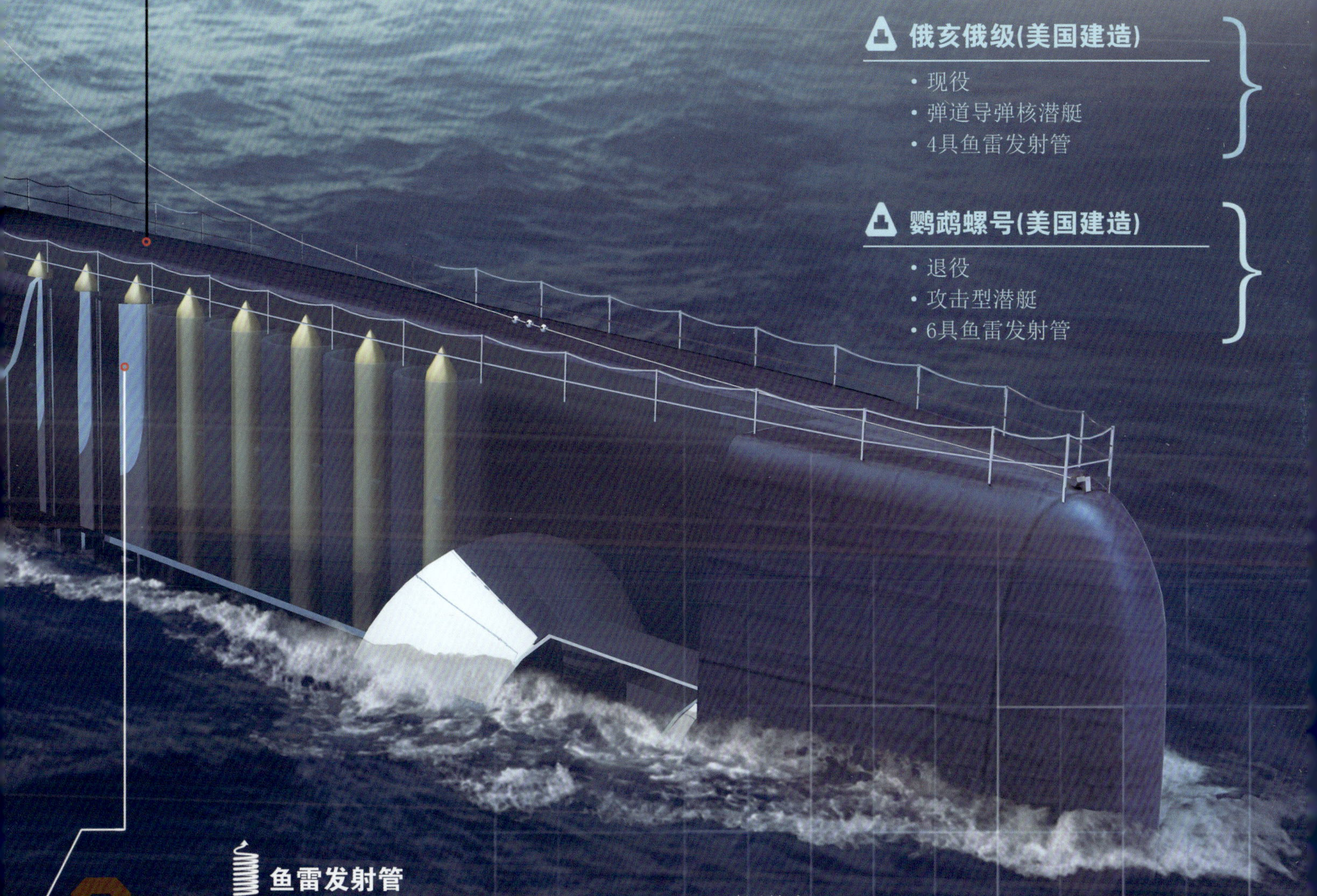

3 鱼雷发射管

雷舱装备有6具533毫米鱼雷发射管，装载着一定数量的鱼雷；核潜艇上总共携带有24枚鱼雷。

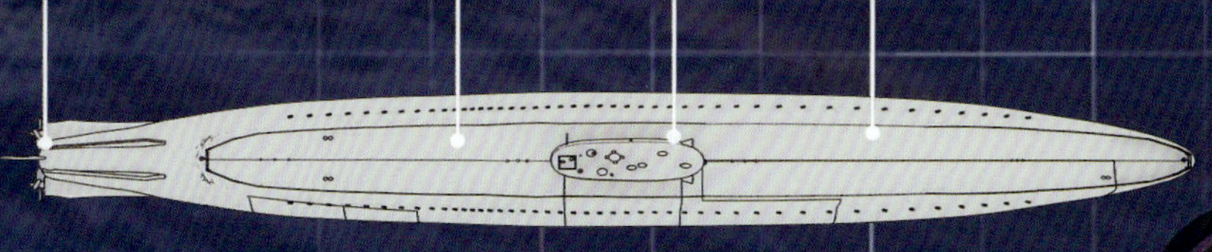

INFINITE GLORY

[无限荣耀] INFINITE GLORY 长滩号巡洋舰

"LONG BEACH" CRUSIERS WERE ALL RETIRED FOR EXPENSIVE COST

长滩号巡洋舰具有多个"世界第一"的荣誉称号。它是美国海军第一艘核动力导弹巡洋舰；是全世界第一艘核动力水面战斗舰艇；也是第二次世界大战之后美国新造的首艘巡洋舰及全世界第一艘配备区域防空导弹的军舰；更是全世界第一艘以区域防空导弹击落敌机的军舰。长滩号于1959年7月14日下水，满载排水量17 525吨，但由于其昂贵的造价，现已全部退役。

鹦鹉螺号(美国研制)

- 世界第一艘核动力潜艇
- CIW压水式反应堆
- 核动力

长滩号(美国研制)

- 世界第一艘核动力水面战斗舰艇
- CIW压水式反应堆
- 核动力

1 导弹

服役之初的长滩号一反以往巡洋舰大舰巨炮的形象，舰上无火炮，完全以导弹作为主要武装。

2 弹药库

弹药库是用于存放弹药或是其他爆炸物的地方，弹药库容量46枚，使用RIM-8护岛神长程防空导弹。

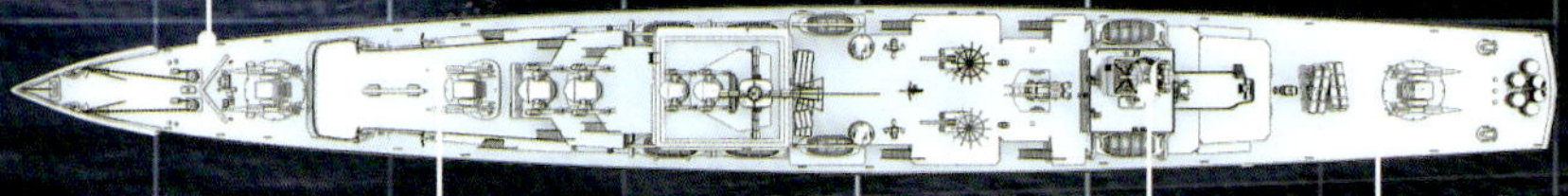

压水式反应堆

长滩号的动力核心为两具西屋制造的C1W压水式反应堆，此种反应堆也被美国首艘核动力潜艇——鹦鹉螺号采用。反应堆堆芯位于压力壳内，由排列为方形的燃料组件组成。和沸水反应堆相比，压水堆堆芯体积更小，堆芯的功率密度较大。但由于堆芯中的工作压力和温度都较沸水堆高，因此对反应堆材料性能的要求也较沸水堆更高。

3 辅机烟囱

核动力系统，使长滩号不需要大型主机烟囱，舰体中段设置一小型辅机烟囱，与当时各国舰艇大不相同。

壮观的方形舰桥

长滩号在外观上最大的特色，是类似中世纪城堡的壮观方块形舰桥构造，使其成为美国海军最引人注意的舰艇之一；其舰桥下部巨大的方形建筑就是美国第一代平板相控阵雷达安装处，后来由于改装，把老式相控阵雷达拆除，而我们看到的绝大部分照片都是拆除了相控阵雷达以后时那个方盒子舰桥。

WHO CONTROLS KITTY HAWK

[谁主沉浮] 小鹰级航空母舰

“BABY EAGLE” AIRCRAFT CARRIERS WERE SERVED IN 1961

由于被称为“超级航空母舰”的“福莱斯特”级航空母舰存在不足之处，于是美国海军对其改进并连续建造了3艘，称之为“小鹰级”。它是美国建造的最后一级常规动力航空母舰，也是世界上最大的一级常规动力航母。小鹰级航空母舰是大型多用途常规动力航空母舰，共造4艘。首舰于1956年开工，1961年建成服役。其主要任务是用舰载机对水面、空中和陆上目标进行攻击作战。

1 网格状天线塔

岛式建筑后侧，有类似于尼米兹级航空母舰的网格状天线塔，但尼米兹级为弧形网架式对空搜索雷达天线。

2 舱室

全舰的内部大小舱室共有1500个，其中人员住舱150个，各种油、水舱892个，住舱面积为8200平方米。

3 飞行甲板

封闭式加强飞行甲板，舰体从舰底至飞行甲板形成整体的箱形结构；飞行甲板以下分为10层。

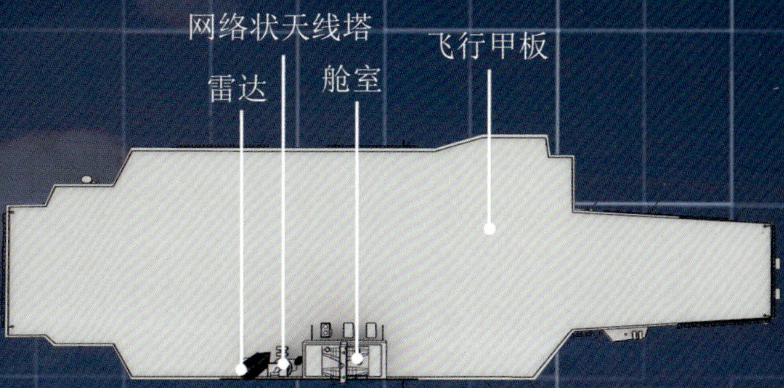

舰载机

舰载机是以航空母舰或其他军舰为基地的海军飞机。用于攻击空中、水面、水下和地面目标，并遂行预警、侦察、巡逻、护航、布雷、扫雷和垂直登陆等任务。它是海军航空兵的主要作战手段之一，“小鹰”级航母可搭载近90架舰载飞机，包括FA-18和A-6战斗机、10架S-3A海贼反潜机。

舰载机起飞手势，是舰载机起飞指令动作。弹射指挥官对着飞行员向上伸出拇指、下蹲屈身、右手臂迅速上扬，这种手势是示意放下止动轮挡和偏流板，飞机起飞。因姿势似举枪射击，因此弹射指挥官被称为“射手”。弹射指挥官由2人组成，是因两人同时对甲板起飞环境判断失误概率小。

特别的手势

福莱斯特航空母舰(原型)

- 舰首有蒸汽弹射器
- 前后两侧8门127毫米舰炮
- 舰型基本一致

小鹰级航空母舰(改进型)

- 美国制造
- 第一个拥有20节航速
- 舰员257人

A BIG CROCODILE

[七海巨鳄] USS ENTERPRISE 企业号航空母舰

USS ENTERPRISE CVN-65 BEGAN AN UNPRECEDENTED VOYAGE IN 1964

在整个太平洋战争中，美国太平洋舰队取得了巨大的成就，其中企业号航空母舰(CV-6)可谓是功勋卓著。1947年2月，企业号退役。为了纪念这艘功勋航母，美国海军决定将企业级核动力航空母舰的首舰同样命名为企业号(CVN-65)。1964年，企业号在全程无补给的情况下完成了环球航行，这一举动向世界证明了核动力航母强大的续航能力，同时也拉开了核动力舰艇的建造序幕。

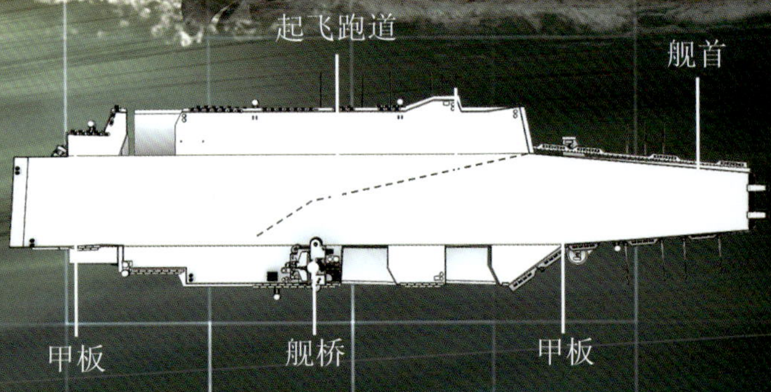

舷侧升降机

舰上设有4部舷侧升降机(左舷1部，右舷3部)，每部升降机载重40.4吨，平均1分钟提升一架飞机。

编队的航母

企业号航母编队并不固定，可按实际情况编组。一般情况要有1~2艘提康德罗加级巡洋舰提供防空和补充反潜，2艘伯克级驱逐舰提供补充防空和反潜，2艘伯克级，1艘洛杉矶级核潜艇提供远程反潜屏障，1艘补给船提供后勤补给。在高空情危险区域，会增加巡洋舰到4艘，高潜艇威胁海域，增加驱逐舰到6艘。

企业号航空母舰（原型）

- 排水量超过94 000吨
- 续航距离接近无限
- 最高速度超过33节

尼米兹号航空母舰（现役）

- 排水量100 020吨
- 续航距离接近无限
- 最高速度31.5节

航空母舰横空出世

1916年，英国的设计师建议把陆基飞机直接用到航母上，开始对其结构进行修改，但遇到的难题就是“不定常涡流”。一名海军军官设想出把舰桥、桅杆和烟囱统统合并到上层建筑，然后把整个建筑的位置从飞机甲板中间线移到右舷上去，这样，起飞甲板和降落甲板就能连为一体，“不定常涡流”也将不复存在。从此，航空母舰诞生了。

2 机库

舰上机库为全封闭式，面积约20 070平方米，可携载8500吨航空燃油，可供航空联队使用12天。

ASSAULT LANDING

[抢滩登陆] NEWPORT 新港级坦克登陆舰

AMERICAN "NEWPORT" TANK LANDING SHIP GOT LOTS OF ATTENTION

20世纪50年代末和60年代初期，美海军要求所有登陆战舰的航速和担任护航任务的战斗舰艇要与巡航速度相适应，使整个登陆编队的航渡速度达到20节。为此，美海军研制出了新型新港级登陆舰，于20世纪60年代末被研制成功。该级舰在舰型上有所创新，尤其是优良的登陆装置，它代表了坦克登陆舰的较高水平，引起了许多国家海军的重视。该舰共建20艘，于1969年6月至1972年8月先后服役。

螺旋桨

该舰艇增加了推进器，为提高舰艇载量，保证连续作战能力，增设有2个直径152.4毫米的定速反转变距螺旋桨。

抢眼的艏跳板

新港级采用了细长的舰型，在上甲板装设了艏跳板及其支撑的门形支架。艏跳板采用铝质材料，整个跳板上表面加有等距分布的防滑条，能防止坦克和车辆在上面打滑。跳板平时放在艏部上甲板上，登陆时它向前伸出，放下到海岸或浮桥上。此时，坦克舱内坦克或车辆通过斜跳板移动到上甲板，再从上甲板经艏跳板下舰登陆。

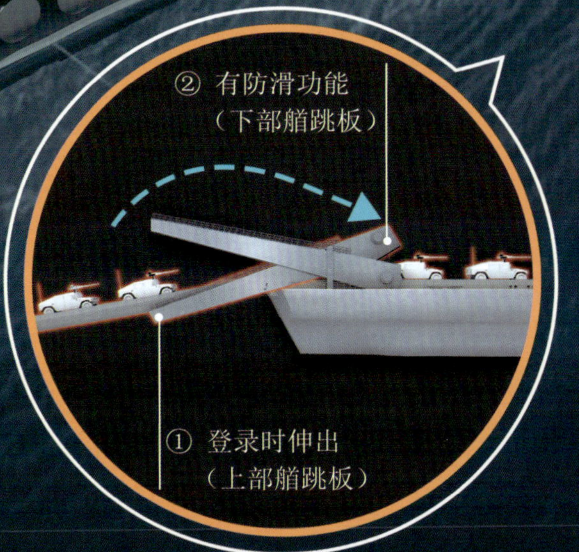

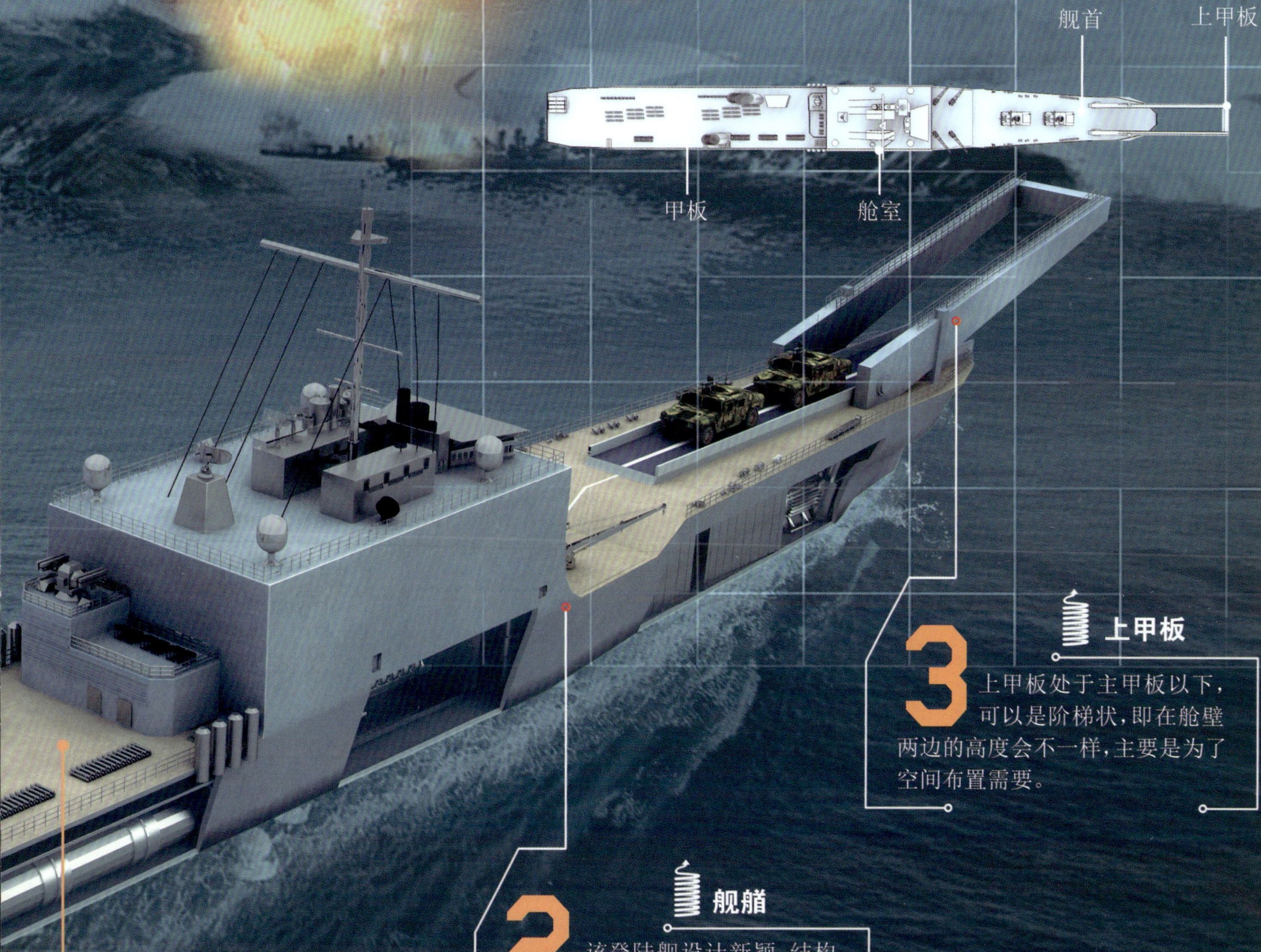

3 上甲板

上甲板处于主甲板以下，可以是阶梯状，即在舱壁两边的高度会不一样，主要是为了空间布置需要。

2 舰艏

该登陆舰设计新颖，结构独特，增大了舰艇长宽比，使舰艏部水线附近线型尖瘦，减少了船体阻力。

美国海军最后一款登陆舰

“二战”中发展的战车登陆舰为了能让大吨位舰艇驶上海岸进行抢滩登陆，故采用了低吃水、平底船设计，并在舰首设置可开关的登陆门，新港级战车登陆舰是美国海军最后一款登陆舰。登陆门的替代方案是在舰首设置大型起重机与吊臂，可在抢滩时放置大型吊桥式金属登陆跳板，大幅度降低60年代时进行登陆作战所需时间。

三浦级坦克登陆舰

- 满载排水量3200吨
- 航速14节
- 舰员115人

新港级坦克登陆舰

- 美国制造
- 航速20节
- 舰员257人

FULL RECHARGING

[全速补给]

SACRAMENTO 萨克拉门托级补给舰

"SACRAMENTO" IS THE LARGEST AND FASTEST SUPPLY SHIP TODAY

50年代初美海军的航行补给船都是第二次世界大战时留下来的，这些船虽能提高航空母舰特混舰队机动作战能力，但尚有不少缺点。为此，美海军50年代末着手研究、发展一种航速高、补给快的补给船。60年代美海军研制成多种物品航行补给船萨克拉门托级，它把一艘油船、一艘军火船和一艘军需船的使命全部集中到一艘船上，这就是世界首级综合补给船，迄今它仍是世界最大、航速最高的综合补给船。

萨克拉门托级

- 船长241.7米
- 吃水12米
- 2台蒸汽轮机

供应级

- 船长229.7米
- 吃水11.6米
- 4台蒸汽轮机

补给甲板

货物集散区在补给甲板，甲板上无管系、门槛等妨碍货物搬运的障碍物，绞车控制站分设在甲板左右。

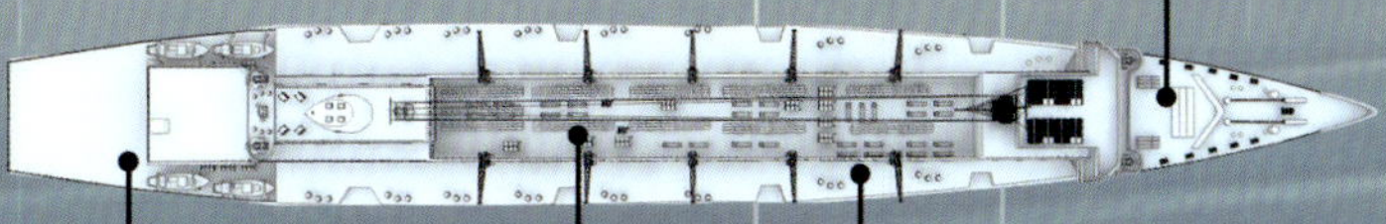

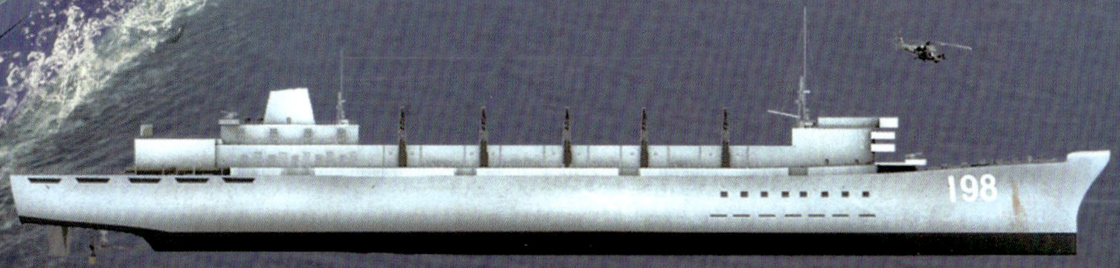

补给舰

补给舰，主要用于向航母战斗编队、舰船供应正常执勤所需的燃油、航空燃油、弹药、食品、备件等补给品，是专门用来在战斗中帮助队友的船舰。战后，补给舰技术大大发展，已经可以进行纵向（钢缆）、横向（钢缆）、垂直（直升机）综合补给，物资也涵盖了干货、液货。

2 集散区

为便于货物搬运集散，集散区是遮盖式，两边各设五扇大门通往各补给站，集散区到直升机平台有叉车通道。

“超级奶妈”

如今美军已经具备非常强的远洋补给能力，拥有4艘53 000吨排水量的萨克拉门托级大型高速综合补给舰、4艘49 000吨级的供应级大型高速综合补给舰及14艘T-AKE级新一代综合弹药补给舰。其中，“萨克拉门托”以快速为航母补给燃油、弹药、生活物品等著称。该级补给舰称得上是专门为航母服务的“超级奶妈”。

ANTISUBMARINE ELITE

[反潜新锐] PETYA 别佳级护卫舰

PETYA-CLASS FRIGATE IS USED TO ATTACK IN SHALLOW SEA

20世纪50年代设计、60年代建造的用苏联护卫舰别佳级护卫舰“淡出水面”，其在苏联军方的名称是“159计划护航舰”，别佳级是苏联海军第一种燃气涡轮动力军舰，主要任务和米尔卡级一样，是用于浅海反潜作战，别佳级Ⅰ型、Ⅱ型、Ⅲ型都属于小型护卫舰。它比稍大的护卫舰只略大一点。原因取决于苏联海军对护卫舰的认识。这种小型护卫舰，用途很广，集防空、攻潜、巡逻、护航等多种使命于一身，作为近海兵器，该护卫舰起的作用很大。

新时期的越南海军

别佳级护卫舰曾是越南海军最大舰艇。20世纪90年代，随着越南“革新开放”政策的提出，越南经济得到较大发展，越南海军的武器装备也得到一定更新。同时为增强越南海军近海作战能力，又引进了猎豹级护卫舰。随着曾经发挥主力的别佳级时代的过去，越南海军也迎来新的时代。

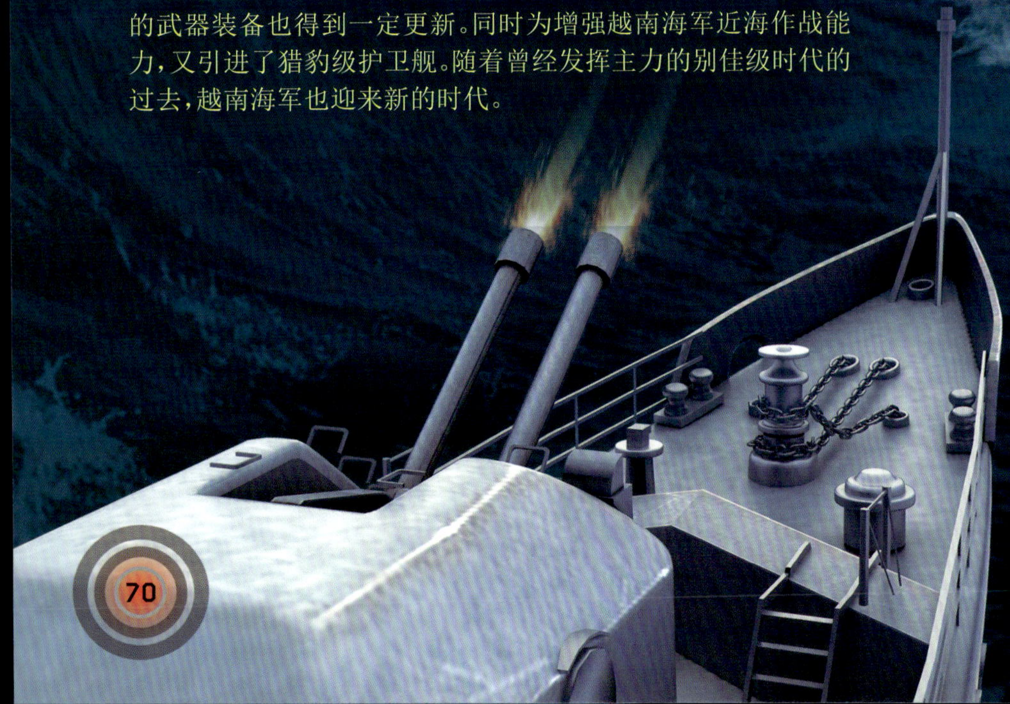

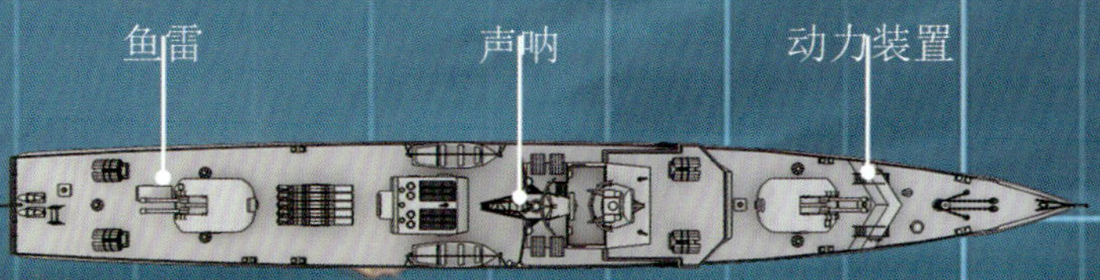

1 声呐

采用1部"撑曲面"雷达，1部"顿河"2雷达，1部"鹰鸣"雷达，1部"高杆"B雷达，和舰壳声呐。

3 动力装置

别佳级护卫舰的动力装置为CODAG，包括2台燃气轮机和1台柴油机，采用3轴驱动方式。

别佳级Ⅰ型护卫舰

- 共建造20艘
- 舰员编制98人
- 火箭发射装置型号"RBU2500"

别佳级Ⅱ型护卫舰

- 共建造26艘
- 舰员编制98人
- 火箭发射装置型号"RBU6000"

2 鱼雷

装有2座双联装76毫米炮，1座三联装533毫米鱼雷发射管，发射SAET60型鱼雷。

CODAG 动力装置

别佳级护卫舰的动力装置为CODAG(柴油联合动力装置)。包括2台燃气轮机和1台柴油机。CODAG动力装置最适合大、中型水面舰艇，主要由SLA-单轴燃气轮机N6135增压中冷柴油机、并车齿轮箱。这种动力形式充分发挥了柴油机经济性好和燃气机功率大的特点。启动速度快的优点。

THE VIGOROUS GIRL

[彪悍女将] 2 I FRIGATE 21型护卫舰

TYPE 21 FRIGATE HAS ANOTER NAME “AMAZON-CLASS FRIGATE”

英国在60年代设计建造了一批利安德级护卫舰，用以替代50年代的旧舰，并不断进行改进，最后发现该级舰不适于当时对护卫舰作战需求。于是英国政府于60年代末期决定建造一级更先进的新型护卫舰，接替利安德级作为主力护卫舰。最后由中标的沃斯泊·桑尼克罗夫特公司生产21型护卫舰。21型护卫舰是英国于20世纪70年代服役的一级多用途护卫舰，舰名全部取自古希腊神话中的亚马逊族女战士的名字，通称为“女将级”，共建成8艘。

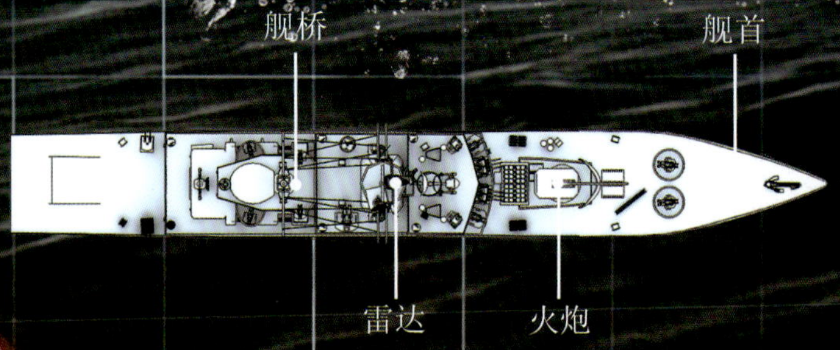

舰炮

21型护卫舰的舰首配备一门维克斯MK-811.43厘米舰炮，舰上防空则依赖一套改良型海猫防空导弹系统。

马岛出战受伤

该舰艇参加了马岛战争。在1982年5月1日，两艘21型护卫舰箭头号、乐意号及驱逐舰格拉摩根号驶近马岛史坦利军港准备进行登陆前的岸轰时，遭到阿根廷空军攻击机空袭，虽投下的六枚炸弹没直接击中英舰，但爆炸震波使格拉摩根号与乐意号轻微受损，箭头号上层结构被匕首机炮击中11发，这是21型护卫舰第一次蒙受战损。

21型护卫舰(英国护卫舰)

- 吃水5.9米
- 乘员175人
- 使用Mk-32型短鱼雷

尼泰罗伊级护卫舰(英国护卫舰)

- 吃水5.8米
- 乘员192人
- 使用MK-44/46型鱼雷

2 雷达

雷达是用无线电方法发现目标并测定空间位置，舰上的侦测系统有一具992Q型平面搜索雷达、一具978型导航雷达。

“女将”的身形

21型护卫舰采用平甲板中桥楼舰型，突破了前几级护卫舰的形式。舰艏尖瘦，有明显的折角线。舰艇中部有一段较长的桥楼，舰桥、桅杆、烟囱等上层建筑布置其上。桥楼后的舰艉为直升机甲板。舰艉为方艉，利于双桨双舵的布局。舰员175名，其中13名军官，舰上设192张床位。

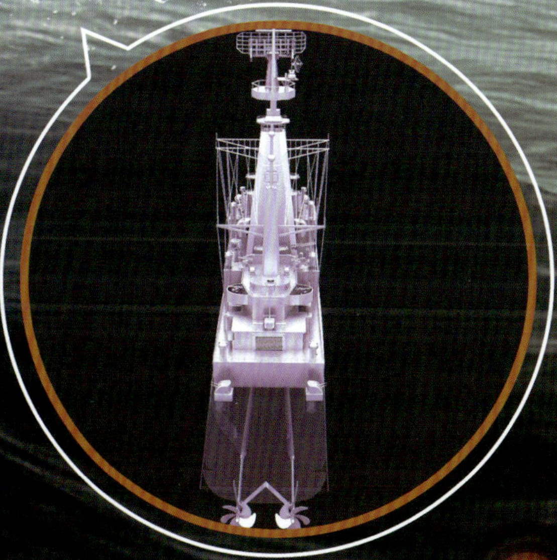

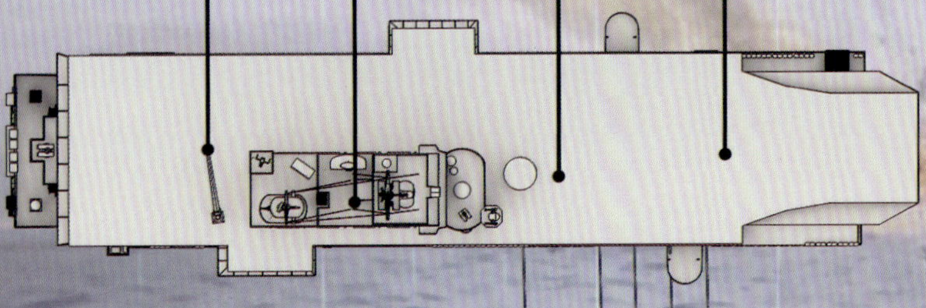

机库

有一船坞登陆舰装载的登陆兵和直升机，一艘船坞登陆舰装载的登陆艇，执行装载任务时可使用。

美利坚号两栖攻击舰

- 排水量45 000吨
- 燃气涡轮发动机
- 航速20节以上

塔拉瓦号两栖攻击舰

- 排水量39 967吨
- 蒸汽轮机
- 航速24节

为了满足美海军舰船“均衡装载”的需要，美国从70年代中期起着手打造大型通用两栖攻击舰，并将其命名为塔拉瓦级两栖攻击舰。该级舰艇的主要任务是运载营级陆战单位人员和装备以支援登陆战。塔拉瓦级服役后，美海军的登陆能力明显增强，在提升机动能力的同时，可以将一万名左右的陆战队员及其装备运输到指定地点，真正实现了“在必要的时间把部队送到必要的地点”这一要求。

THE AMPHIBIOUS SOUL

[两栖舰魂]

TARAWA 塔拉瓦号攻击舰

THE ABILITY OF “TARAWA” ASSAULT SHIP HAS BEEN ENHANCED

3 战术数据系统

装有大量电子设备，如登陆战综合战术数据系统等，海陆空三军协同行动时，可作为指挥舰使用。

两栖攻击舰

是一种用来在敌方沿海地区进行两栖作战时，在战线后方提供空中与水面支援的军舰。这种军舰由直升机航空母舰发展而来，但是大部分也结合了船坞登陆舰的坞舱设计，可装载登陆艇。且相较于多数航空母舰，不少两栖攻击舰可拥有更密集的自身防护武器，未必需要护卫舰队保护。

退役的老"塔拉瓦"号

2008年12月3日报道，已经服役32年的美国海军塔拉瓦号两栖攻击舰计划退役。塔拉瓦号在波斯湾和北阿拉伯海完成最后一次部署后，于6月份回到圣迭戈母港。

2 舰桥

舰上指挥和控制部位较多（例如登陆特混舰队指挥官控制中心、战术空中协调中心和换乘控制中心。）

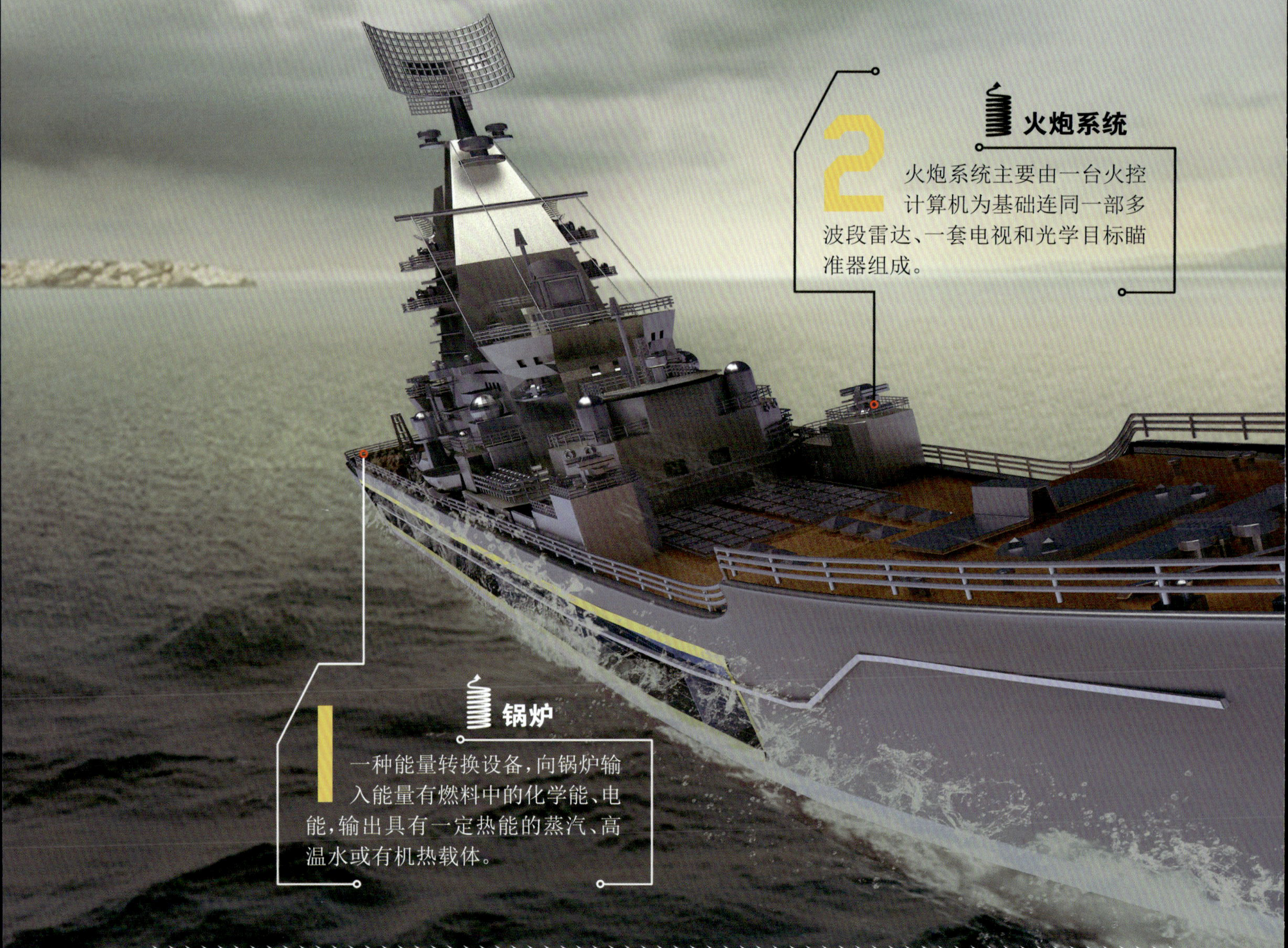

被西方称为战列巡洋舰的基洛夫级巡洋舰的大小已经接近二战时代的战列舰，其排水量和武器火力类似战列舰，但是任务和角色跟巡洋舰相同，苏联方面统一称之为“重型导弹巡洋舰”，该级舰主要用于实施远洋反舰、反潜和防空作战。在作战时，它主要充当海上编队的核心力量，与其他舰只共同组成导弹巡洋舰编队，进行攻击敌方战斗舰艇和破坏敌方交通线的任务。基洛夫级设计时沿袭了苏联复杂的设计特点，是世界上唯一真正意义上具备同时攻击多个目标能力的战舰。

FULL-SCLA WAR

[全面战争]

KIROV LEVEL

基洛夫级核动力战斗巡洋舰

KIROV-CLASS NUCLEAR-POWERED CRUISER HAS A COMPLEX DESIGN

载防空导弹垂直发射系统

基洛夫级巡洋舰舰载SA-N-6中程防空导弹系统是世界上第一种舰载防空导弹垂直发射系统，基本型采用的导弹为5V55/48N6，单级固体燃料火箭推力，采用冷发射技术，安全距离25米时开启发动机，导引方式类似美国标准-2型追踪制导模式，导弹到末段才开始接收导引雷达之导引。战斗部为破片杀伤式，有20000个2克破片。具有一定反弹道导弹能力。

乌沙科夫海军上将号（第一艘）

- 8座AK-630M型“葛特林”近防炮
- 备弹48 000发
- 1980年12月30日服役

拉扎耶夫海军上将号（第二艘）

- 8座AK-630M型“葛特林”近防炮
- 备弹48 000发
- 1984年10月31日服役

核动力巡洋舰

核动力巡洋舰最大特点就是续航能力强，它可连续航行几年，绕地球数周而无须补充燃料。装备有巡航导弹、反舰导弹、防空导弹和反潜导弹。舰体的内部空间变大，可以装载更多的武器。动力的提升改变以往的燃料的加注，可以在海上更长时间地巡逻。

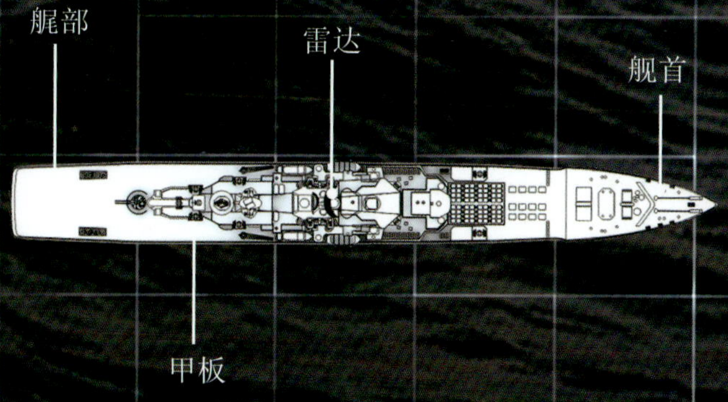

2 导弹发射筒

布置在指挥台围壳的前方，这样减轻了发射导弹时与轮机一起产生的震动，从而提高降噪程度和发射间隔。

1 耐压艇体

艇体使用用德尔塔IV级消声瓦，非耐压部分使用一种橡胶水声消音瓦，从而让这个庞然大物在水下遁形。

>>

目前世界上最大体积和吨位潜艇纪录保持者就是台风级弹道导弹核潜艇。该潜艇是冷战时期的产物，由红宝石设计局设计完成。当时苏联曾准备大量建造台风级潜艇，但由于经济问题放弃了原设想。第一艘台风级核潜艇在1977年开始动工，1980年9月下水，1982年开始服役。台风级核潜艇一共建造了6艘，苏联解体后，三艘被拆解，现仅有一艘处于服役状态。

>>

THE REMOTE SHOOTING

[破灭之岚] 台风级弹道导弹核潜艇

BALLISTIC

BOW AND CROSSBOW ARE THE OLDEST LONG-RANGE WEAPONS

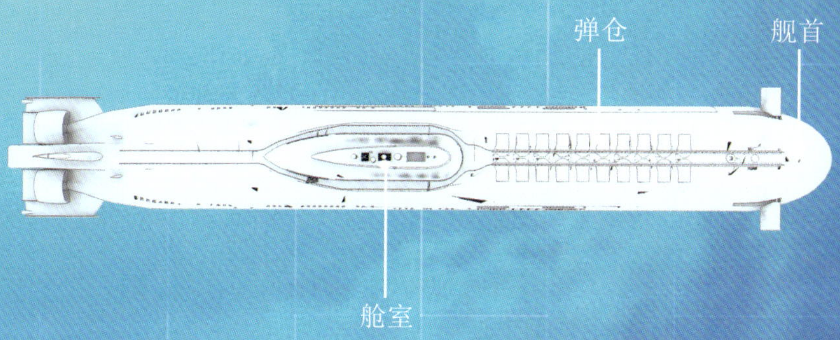

北约的噩梦

台风级是世界上最大的战略核潜艇，主要用于抗衡美国俄亥俄级战略核潜艇。该艇每艘能够携带20枚RSM-52S海基洲际弹道导弹，核弹头威力相当于广岛原子弹的1400倍，能在21分钟内将西方最大的200座城市化为灰烬。台风级因此获得了“北约噩梦”的绰号，成为苏联震慑美国及其西方盟国的“杀手锏”。

俄亥俄级战略核潜艇

- 水下排水量为18 750吨
- 水上航速12节
- 弹道导弹搭载量24枚

台风级弹道导弹核潜艇

- 水下排水量为26 500吨
- 水上航速12节
- 弹道导弹搭载量20枚

相互保证毁灭

这是一种军事战略思想。是指对立两方中如果有一方全面使用核子武器则两方都会被毁灭。台风级是典型的冷战产物，目的就是达到“相互保证毁灭原则”，体积近乎是对手俄亥俄级的两倍，发射系统可以让“台风”级打击到与它同处一个半球的任何一个目标。

基洛级潜艇(原型)

- 北约代号“比目鱼”
- 原苏联海军最成功常规潜艇
- 没有AIP推进系统

拉达级潜艇(次型)

- 北约代号“圣彼得堡”
- 苏联解体后第一级柴电潜艇
- 装备AIP推进系统

2 蓄电池

蓄电池为两组二型铅酸电池组，每组120块，可提供水下航速20节或最大续航距离超过400海里电能。

双壳体结构

基洛级潜艇采用了双壳体结构，双壳体是指有两层壳体的潜艇，即外围是非耐压仓(可储水)，内部是耐压仓，能保护设备与人员。潜艇的上层建筑用来容纳柴油机的进、排气管系、高压空气瓶组、可伸缩的导缆钳、带缆桩、系泊羊角、失事救生浮标、救生平台等多种设备。双壳体还起着连接首尾端结构，保证潜艇外部纵向连续性的作用。

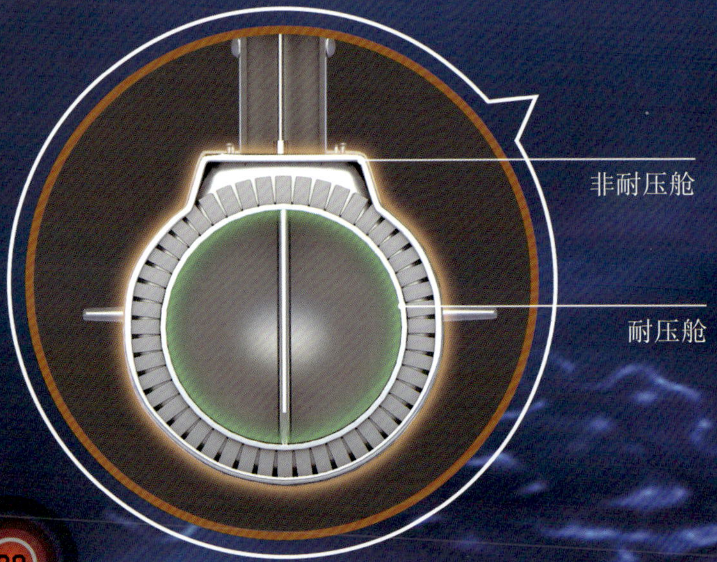

1 耐压舱

耐压舱外型呈水滴型，艇体分为6个耐压舱，储备浮力为30%，任一舱破损不会影响潜艇整体性能。

CONTROLLING THE SEA

SUBMARINES

[海界沉浮]基洛级潜艇

KILO-CLASS SUBMARINE IS FAMOUS FOR STRONG FIREPOWER

苏联研制的最成功的柴电动力潜艇——基洛级潜艇。主要用于近海浅水区域进行反舰与反潜作战。该艇由红宝石设计局于1974年起开始设计，首艇1979年下水，1982年服役。基洛级潜艇是一型常规潜艇，是目前俄罗斯出口量最大的潜艇等级，以火力强大、噪声小而闻名。

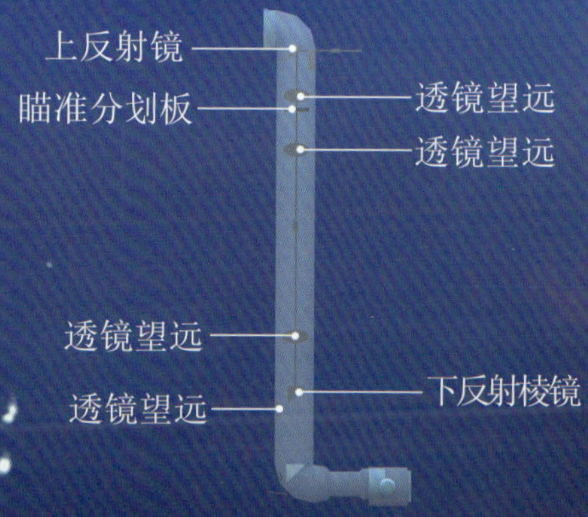

潜望镜

潜望镜主要部件是一根长钢管桅杆，可升至指挥塔外5米高的位置，两端都安装有棱镜和透镜并可将潜望镜的视野放大至1X~6X。两个反射镜使物光经两次反射而折向眼中。潜望镜常用于潜水艇，坑道和坦克内以观察敌情。

3 推进系统

柴电机组可在水面及通气管状态下工作，推进系统为单轴六叶低噪声桨，是俄罗斯唯一采用此驱动方式的。

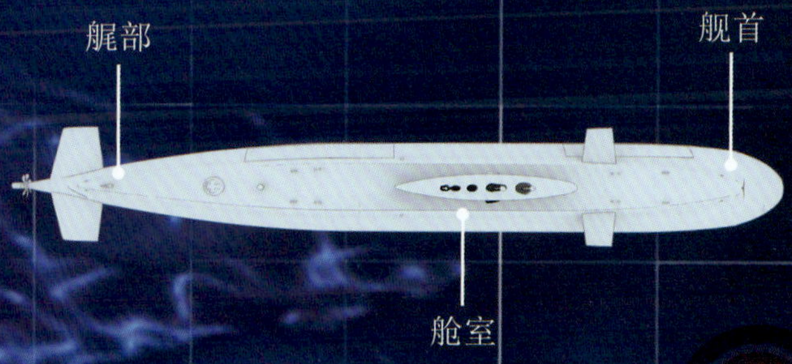

THE FIRST SNOW

[秋叶初雪] SNOW-CLASS 初雪级护卫舰

THE NAME MEANING OF HATSUYUKI-CLASS IS “FIRST SNOW”CLASS

日本的驱逐舰历经了几代发展，每一代都在不断改进升级，这些改型的驱逐舰主要任务是反潜作战。日本装备的第三代通用驱逐舰“初雪”级护卫舰在1982年至1987年之间完工。日本给它一个很诗意的名字“初雪”，不禁让人想到它的前型“秋月级”和“高月级”，同样都很诗意。

导弹发射器

MK-29海麻雀防空导弹发射器位于舰尾末端最低位置，紧邻于前的是直升机甲板，使其射界不尽理想。

一艘“初雪”的最终命运

军舰退役了以后怎么处理呢？有的被赠予了博物馆，有的则被拆解。一艘1983年开始服役的“初雪”级驱逐舰，在2012年3月退役。近日，这艘已经退役的驱逐舰被当作靶舰在经历了两架战机和五艘战舰的轮番轰炸射击下，沉入海底，最终结束了其使命。

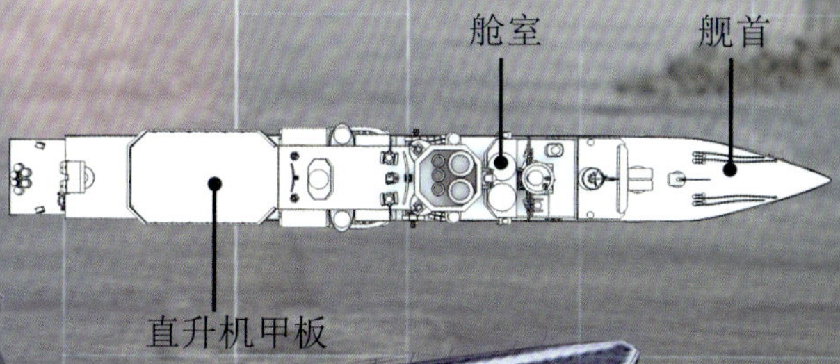

3 轮机舱

该舰设有轮机舱，是装载船舶动力装置如柴油机，燃气轮机的舱室，轮机舱的舱壁上则敷设隔音用的橡胶层。

2 舰桥

舰桥较烟囱与直升机库低矮，是军舰大脑，操控舰和指挥作战的地方，设置在舰艇上层建筑中的航行、操纵部位。

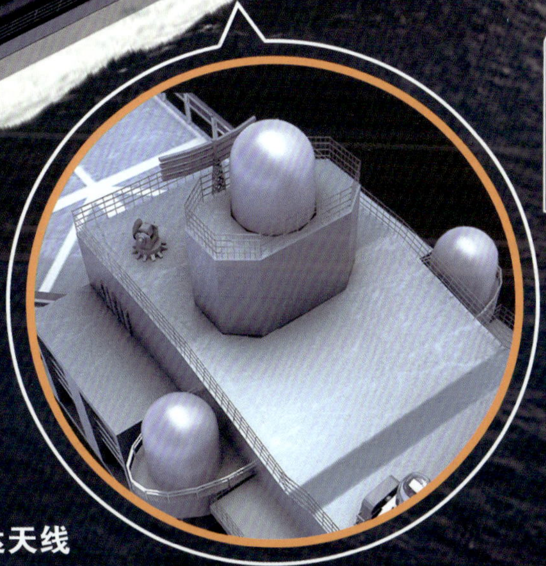

雷达天线

艏楼顶部有金属塔形基座，上置球形雷达天线。机库顶端球形雷达天线十分醒目，其后直升机平台底座较高。根据目标的方位角和高低角与雷达天线指向之间的误差，通过天线伺服系统转动天线，消除误差，使天线轴始终对准指定的目标，并把目标的坐标数据传送给指挥仪或计算机，从而控制火炮的瞄准和射击。

初雪级护卫舰(原型)

- 舰长130米
- 乘员200人
- 4联装90式反舰导弹发射器

高月级护卫舰(前型)

- 舰长136米
- 乘员260人
- 4联装鱼叉反舰飞弹发射器

NOTORIOUS

[声名狼藉] 提康德罗加级巡洋舰

TIKANG PEDRO

“TICONDEROGA” CRUISERS ENTERED THE NAVY’S AEGIS SYSTEM

20世纪60年代中期，美国海军进行“先进水面导弹系统”计划，研发一种先进的舰载战斗系统装备在航空母舰的护卫舰只上，拥有出色的防空管制能力，能同时处理大量目标并有效应付来自空中、水面与水下的威胁，这就是宙斯盾作战系统。提康德罗加级巡洋舰是美国海军下属的第一种正式使用“宙斯盾”的主战舰艇，为美国海军现役唯一一级巡洋舰，与俄罗斯海军1164型巡洋舰一并是世界上现役仅有的两种传统动力巡洋舰。

提康德罗加级巡洋舰

- 吃水6.5米
- 满载排水量9589吨
- 乘员364人

1164型巡洋舰

- 吃水7.6米
- 满载排水量近12 000吨
- 乘员529人

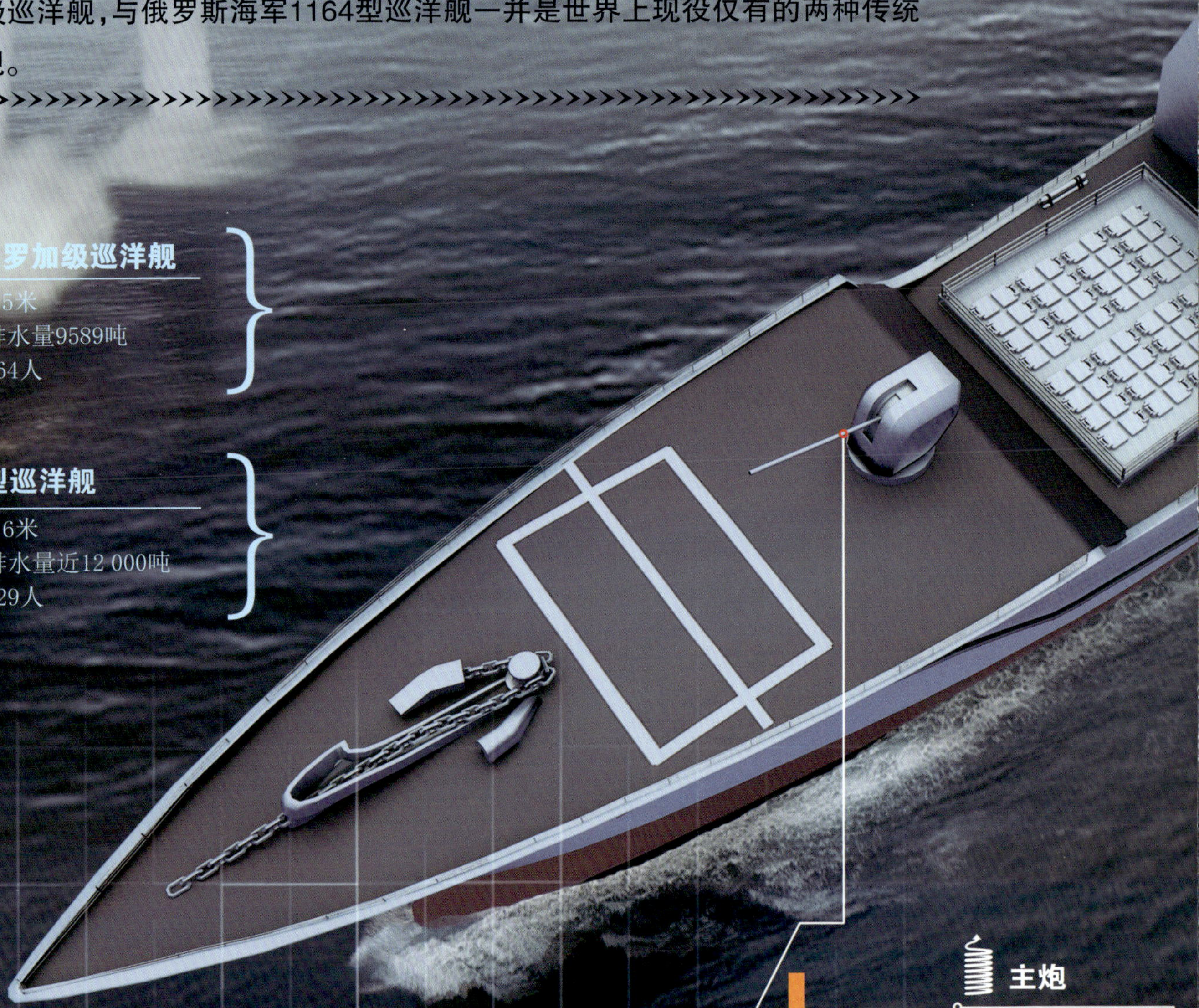

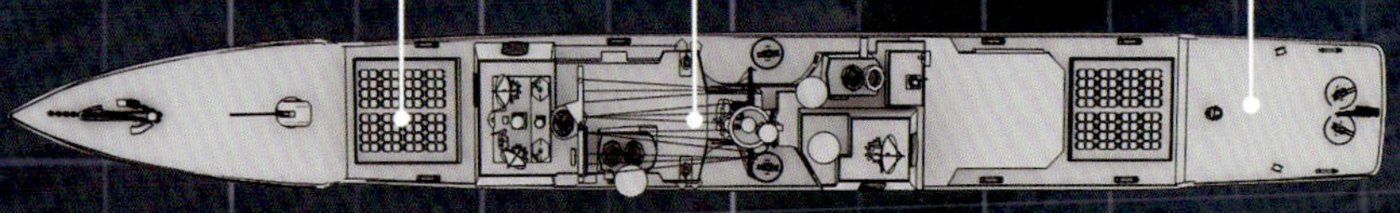

主炮

舰首配备一门主炮，舰尾配备一具MK-26Mod5双臂导弹发射器，每具可装填44枚导弹，和反潜导弹。

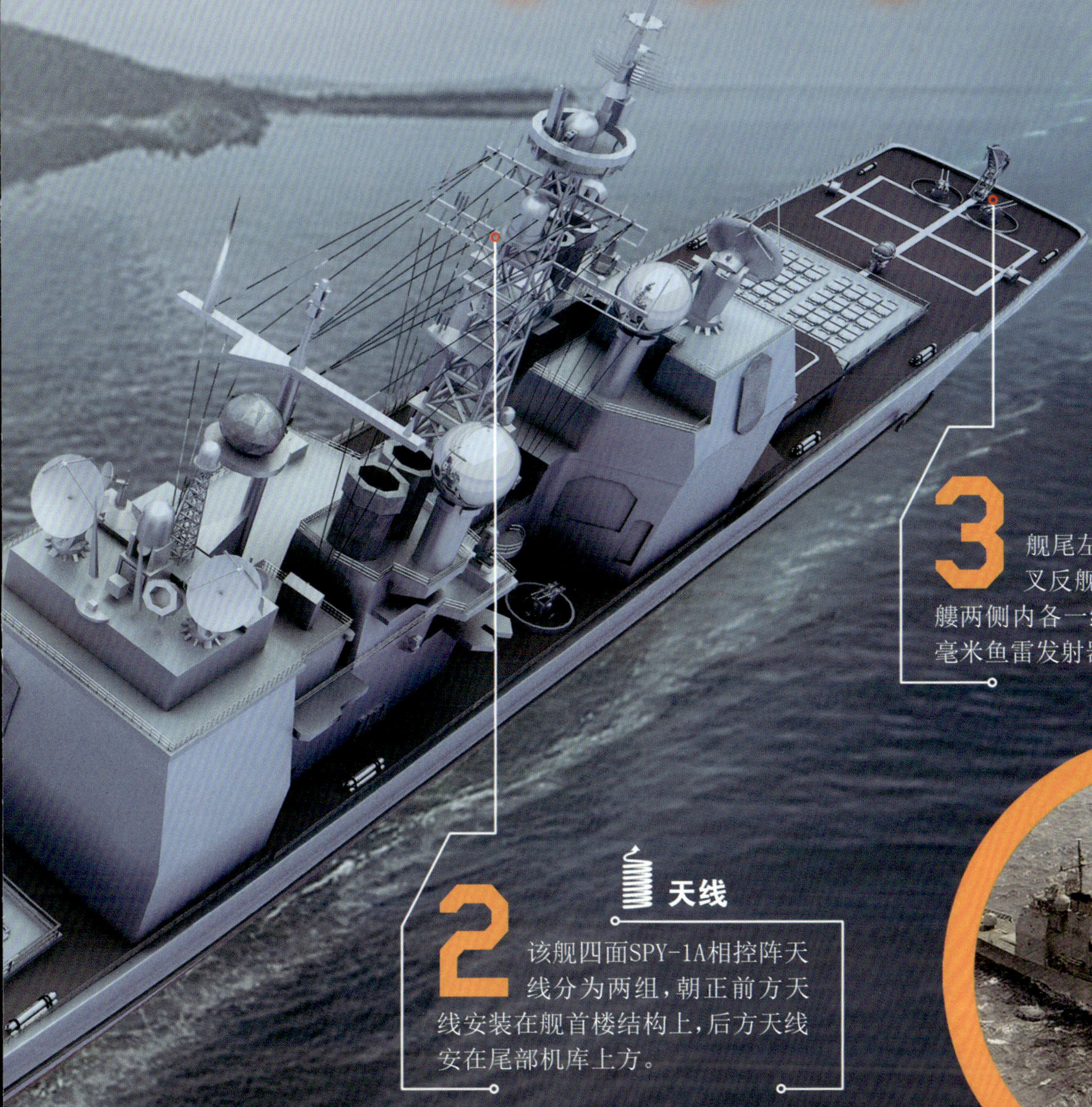

3 舰尾

舰尾左侧设两组四联装鱼叉反舰导弹发射器，舰尾艉两侧内各一组MK-32三联装324毫米鱼雷发射器。

2 天线

该舰四面SPY-1A相控阵天线分为两组，朝正前方天线安装在舰首楼结构上，后方天线安在尾部机库上方。

误击事件

提康德罗加级诸舰中的文森斯号导弹巡洋舰在1988年时曾发生误击伊朗航空655号班机的事件而声名狼藉。由于雷达误判信号，舰长认为该飞行物为伊朗空军执行任务中的战斗机，此次事件造成290位平民罹难。

“宙斯盾”武器系统

提康德罗加级使用了“宙斯盾”战斗系统。该系统被世界公认为有史以来最强大的反导系统。无论是亚音速还是超音速的飞行器，“宙斯盾”系统都可以在短短的几秒之内将其定位，并将其消灭。“宙斯盾”系统不仅为航母舰队提供了有效的防空措施，同时也为舰载机提供了有效的指示定位，大大提升了航母战斗群攻击力。

THE EUROPEAN BUFFALO

[欧洲野牛]

LCAC 野牛级气垫登陆艇

ZUBR-CLASS IS A CLASS OF AIR-CUSHIONED LANDING CRAFT

在西欧亚大陆狭小平静的黑海、里海与波罗的海等地，传统的小型气垫登陆艇航程不够，仍需要母船搭载至抢滩区，苏联在1978年开始着手研制适合上述地理环境的大型气垫登陆船，80年代研制了野牛级气垫登陆艇，该舰以其555吨的满载排水量成为当时世界上最大的气垫登陆船舶，因此苏联海军将其直接划分为登陆舰。它火力威猛，速度快，简直就像是一头欧洲野牛。

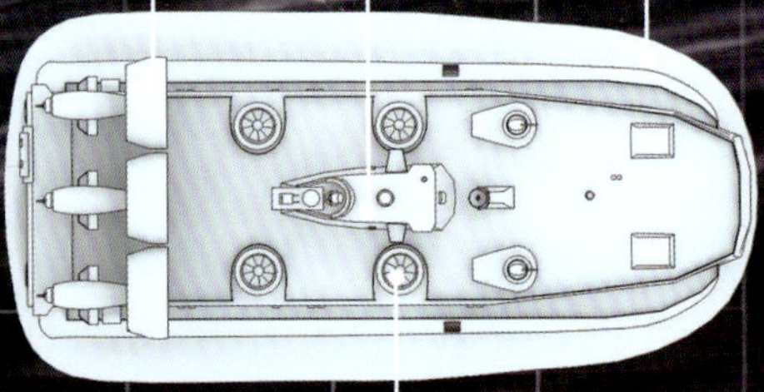

气垫

气垫由橡胶、或合成材料制成，充入气体或其他低密度物质密闭气囊，内部分隔许多区域，像船只水密隔舱。

2 通信设备

舰载P-784通信设备系统由中波、短波、超短波收发机、超速传输设备、自动化指挥控制系统构成。

野牛级气垫登陆舰(苏联制造)

- 舰长56.2米
- 吃水1.6米
- 满载排水量555吨

LCAC气垫登陆艇(美国制造)

- 舰艇长26.8米
- 吃水0.9米
- 标准排水量87.2吨

3 装甲板

为了增强在滩头敌火下的存活率,野牛级的舰体设有装甲板,能提供舰上人员一定程度的保护。

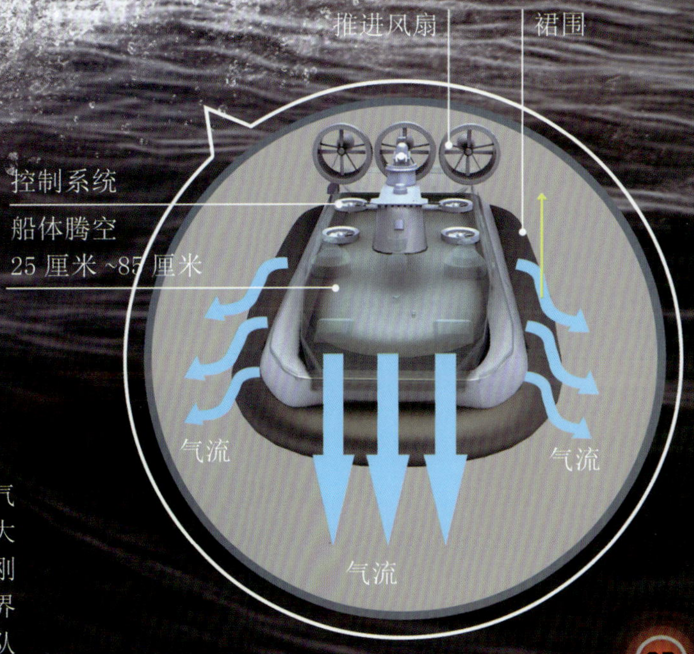

气垫船是如何工作的

气垫船是利用高压空气在船底和水面(或地面)间形成气垫,使船体全部或部分垫升而实现高速航行的船。气垫是用大功率鼓风机将空气压入船底下,由船底周围的柔性围裙或刚性侧壁等气封装置限制其逸出而形成的。"欧洲野牛"是世界上最大的气垫登陆艇,主要用于运送战斗装备和先遣登陆队员,同时还可运送水雷。

远征打击群

美海军从2003年以两栖登陆舰艇为核心组建“远征打击群”（ESG）。每个打击群由一艘黄蜂级两栖攻击舰为核心，搭配两艘船坞运输舰或船坞登陆舰，外加一艘提康德罗加级巡洋舰、一艘伯克级驱逐舰、一艘佩里级护卫舰以及一艘攻击核潜艇。其中，打击群里三艘两栖舰艇能搭载的陆战队总兵力就大约有2000名。

航空配置

标准的搭载模式下，黄蜂级舰载机阵容可为“基萨奇”号上的AH-1W4架CH-53运输直升机、12架CH-46运输直升机、4架AH-1W攻击直升机、6架AV-8B垂直起降攻击机、2架UH-1N通用直升机，在突击模式下，舰上可搭载42架CH-46运输直升机；而在操作最新一代的MV-22倾斜旋翼运输机时，黄蜂级最多能容纳12架。

飞行甲板

航母舰面上供舰载机起降和停放的上层甲板，是飞行甲板，此外，飞行甲板有九个直升机着舰位置。

SHADOW MURDER

[蜂起海涌]

TRG-21 黄蜂级两栖攻击舰

THE HORNETS CLASS AMPHIBIOUS ASSAULT SHIPS IN ACTIVE SERVICE

基于塔拉瓦级两栖攻击舰的设计，美国密西西比州帕斯卡古拉的英戈尔斯造船厂建造了更先进的攻击舰——黄蜂级两栖攻击舰。黄蜂级两栖攻击舰服役于美国海军，几乎能运输一整支美国海军陆战队远征部队，并通过登陆艇或直升机在敌方领土登陆。首舰黄蜂号于1989年7月29日服役，全部8艘至2013年都已服役。

黄蜂级两栖攻击舰(原型)

- 推进器为双轴
- 满载排水量41 150吨
- 首部没有船艏侧推器

塔拉瓦级两栖攻击舰(前型)

- 推进器为双轴
- 满载排水量39 967吨
- 首部采用船艏侧推器

2 手术室

每艘黄蜂级舰船的医院有64个床位和6个手术室，在需要时，“额外伤亡病房”可以增加536个床位。

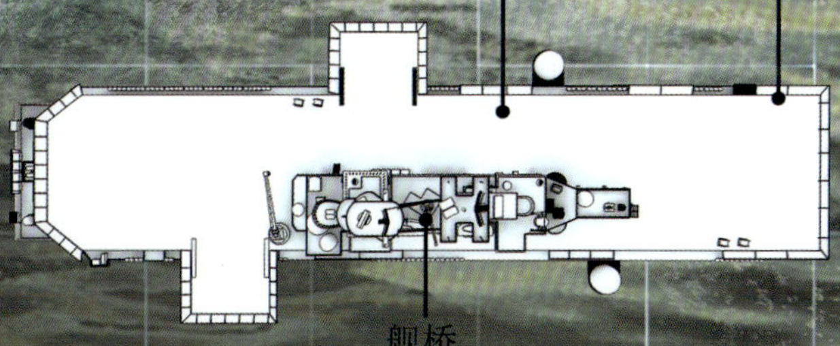

THE ROYAL GUARD

[皇家护卫]

TYPE 23

公爵级23型护卫舰

TYPE 23 FRIGATE HAS ANOTHER NAME “DUKE-CLASS FRIGATE”

英国海军于“二战”后开始重视护卫舰的发展。英国战后生产出一些优秀的护卫舰，这些护卫舰以对地攻击为主要任务，同时还兼顾驱逐和反潜能力。公爵级23型护卫舰就是英国一种优秀的护卫舰，它的设计中采用了多种隐身技术，还是英国海军的主力战舰，是世界上数一数二的反潜护卫舰，现役13艘。

23型护卫舰(改进型)

- 舰长133米
- 吃水5.5米
- 乘员185人

22型护卫舰(原型)

- 舰长146米
- 吃水6.4米
- 乘员273人

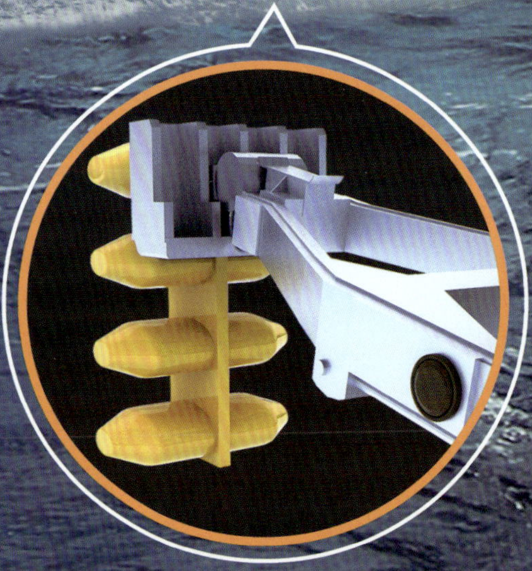

拖曳声呐

23型舰体设计最大考虑之一，就是能顺利拖行体积庞大的2031Z拖曳声呐进行作业。2031Z拖曳阵列声呐全重70吨，全长1000米，由500米长的拖曳缆绳与500米长的低频被动听音阵列构成，并通过缆绳施放的长度以及改变拖曳速度，将听音阵列拖行在特定的部署深度。

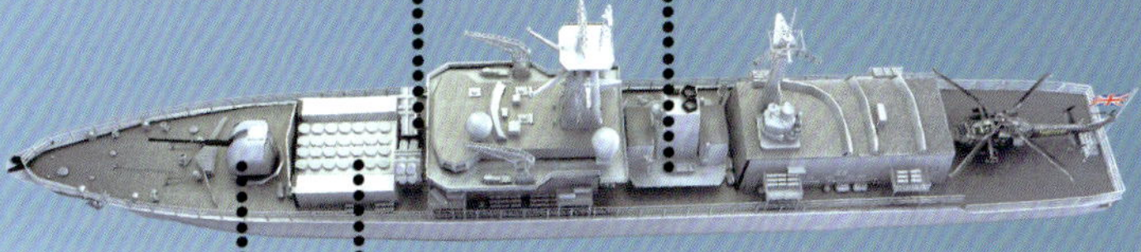

23 型的强劲武器

公爵级主要自卫武器为B炮位的GWS. 26-1海狼防空导弹垂直发射系统。先由搜索雷达获目标位置，再由计算机将火控雷达对准目标并发射导弹，火控雷达同时追踪来袭目标与海狼导弹，将资料传至火控计算机计算两者的相位差，对海狼导弹发出航向修正指令，指挥导弹朝着火控雷达与目标之间的瞄准线飞去，直到命中目标。

1 舰体

舰体为钢材制造而舍弃易熔易燃的铝合金，以燃烧时不产生毒气体的涂料取代易产生毒气的卤化乙烯涂料。

2 防火舱

该舰有防火舱，四面有防火舱壁可以不让火灾蔓延，舰内防火损管增为5个，增加了灭火速度。

3 螺旋桨

是靠桨叶在空气或水中旋转，将发动机转动功率转化为推进力。

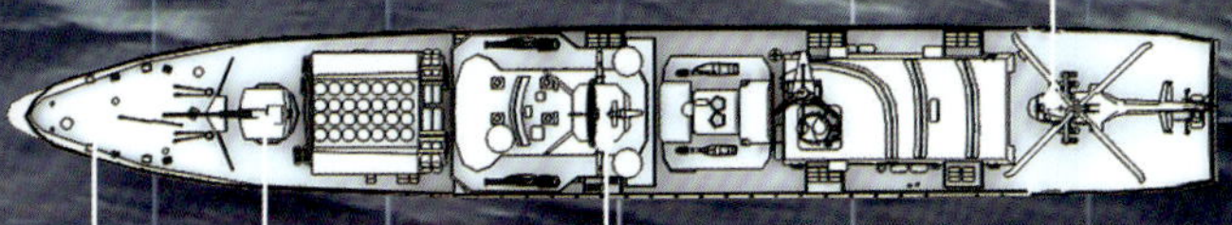

蒸汽轮机

8台蒸汽锅炉及2台蒸汽轮机，每台输出功率约37 000千瓦，后为加强加速性能，在建造时又装备了燃气轮机。

库兹涅佐夫元帅级(改进型)

- 全长306.3米~310米
- 满载排水量66 600吨~67 500吨
- 吃水10.5米~11米

基辅级(原型)

- 全长274米~257米
- 满载排水量43 500吨
- 吃水10米

在英国等一些西方国家有以名人或将军的名字命名的舰艇和航母，同样在俄罗斯也如此。尼古拉·格拉西莫维奇·库兹涅佐夫是苏联军事家，海军元帅。俄罗斯有一艘航母以他的名字命名，这艘航母就是库兹涅佐夫元帅级航母。该航母于1985年12月5日建成下水，1991年1月21日正式服役。在建造它的过程中约800名学科专家参加，有7000多家工厂提供了材料和设备，该舰上装备的武器系统齐全，威力强大，是集当时苏联科技发展大成之作。

THE EVER-VICTORIOUS GENERAL

[无敌将军]

CUZNETSOV

库兹涅佐夫元帅级航空母舰

THE SYSTEM OF “ADMIRAL KUZNETSOV” CARRIER IS COMPLETE

2 舰载机

舰载机离舰动力依靠飞机自身引擎，要在较短的甲板上达到足够离舰速度，则需要较高的飞行技术和高标准的舰载机。

对峙

2011年11月，俄罗斯海军派出库兹涅佐夫级航空母舰至叙利亚，美国海军也派出了布什号航空母舰至叙利亚，这是美国与俄罗斯冷战后首次大规模军事对峙。

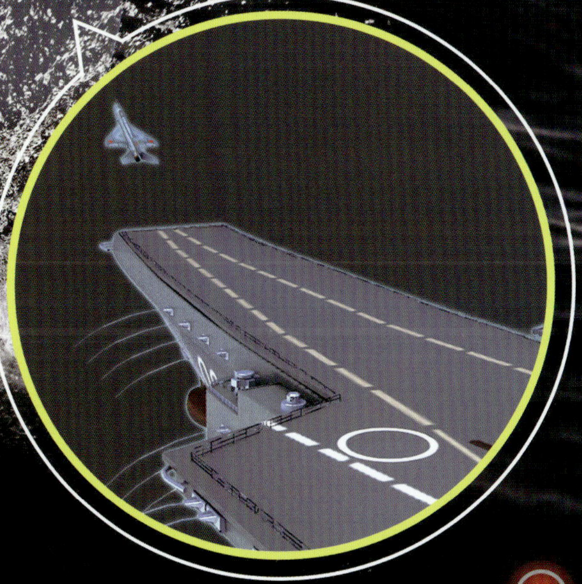

滑跳式飞行甲板

该舰最大特点是装有滑跳式飞行甲板。飞行甲板采用斜直两段式，斜角甲板长205米，宽23米，与舰体轴线成7度夹角，其板后部安装了4道拦截索，以及紧急拦机网。飞行甲板右舷处则安装了两座甲板升降机，分别位于岛式舰桥的前后方。这种甲板具备更高飞机起飞角度和高度，而且所需要甲板工作人员较少。

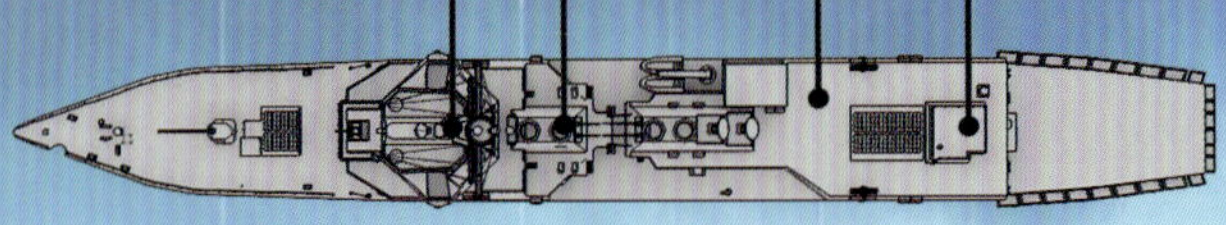

导弹垂直发射系统

该舰采用MK-41导弹垂直发射系统，由标准模块、装填模块、导弹贮运发射箱和发控台等设备组成。MK-41系统的标准模块采用8隔舱模件，总体尺寸为3.17米×2.08米×7.67米，在结构上有一定的独立性，可作为独立的发射单元，一个或多个模块与发控设备相联就能构成一个完整系统。

斯普鲁恩斯级(美国驱逐舰)

- 采用大型化舰体
- 续航力：6000海里(20节)
- 功率：2轴58839.9千瓦

阿利伯克级(美国驱逐舰)

- 采用大型化舰体
- 续航力：4200海里(20节)
- 功率：2轴79433.865千瓦

1 红外抑制装置

排气管顶部装有红外抑制装置，将热废气与周围的空气混合，降低废气温度，从而抑制红外辐射信号。

2 雷达

注重雷达波隐身设计，尽可能减小舰外形雷达截面积，通过倾斜角度，减小长度等方式减少全舰雷达截面。

TAKING THE LEAD

[独领风骚]

ALI BURKE 阿利伯克级导弹驱逐舰

ARLEIGH BURKER CLASS DESTROYER WAS SERVED IN 1991

阿利伯克级导弹驱逐舰从1991年开始服役，现已成为世界上最新锐、最先进、战斗力最为全面的驱逐舰，也是世界上建造数量最多的现役驱逐舰。它以“宙斯盾”战斗系统SPY-1D被动相控阵雷达，结合MK-41垂直发射系统，是世界上最先配备四面相控阵雷达的驱逐舰。

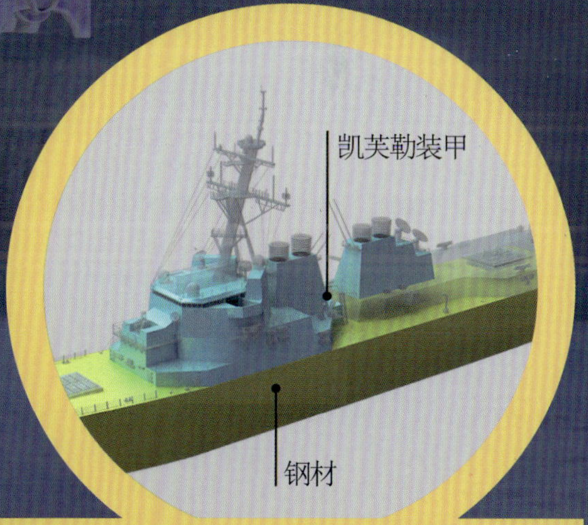

强悍的防护能力

阿利伯克级不像以往的美国军舰单靠舰上武装来提供防卫能力。除了烟囱采用铝合金材料之外，舰体与船楼都以钢材建造，是“二战”后美国海军第一种采用钢制船楼的驱逐舰。在重要部位使用凯芙勒装甲保护，防护能力相当于76毫米钢板。阿利伯克级禁止使用木材、易燃窗帘或橡皮地毯等装潢设施以增强防火能力。

3 电缆绝缘层

电缆绝缘层采用天然和硅树脂橡胶并加上玻璃纤维编织的保护层，主要成分是交联聚乙烯介质损耗小，电阻率高。

THE STRONG SHIELD

[神盾驱逐] DIAMOND

金刚级驱逐舰

JAPANESE KONGO-CLASS DESTROYER WAS ESTABLISHED IN 1998

在冷战时期，为确保海上运输路线的安全，作为美国的盟友，日本竭力使海上自卫队配置宙斯盾防御系统，从而提供防空火力支援。因此，日本以美国阿里伯克级驱逐舰为基础研制金刚级驱逐舰，它是全球除了美国海军之外最早出现的“宙斯盾”舰，于1988年建造，共建造四艘，是日本海上自卫队主要的防空舰。在爱宕级驱逐舰服役之前，是日本海上自卫队排水量最大的作战舰艇。

直升机甲板

金刚级驱逐舰的舰尾除了末端稍微下降之外，基本上是从舰首主甲板一路延伸而来，不像伯克级的舰尾比主甲板低了一层。金刚级的舰尾设置有直升机甲板，但却没有收容用的机库。该甲板具有简单的直升机油料补给能力，虽然无法载运直升机进行远航，但仍能利用直升机上的“声呐”等设备，强化反潜作战能力。

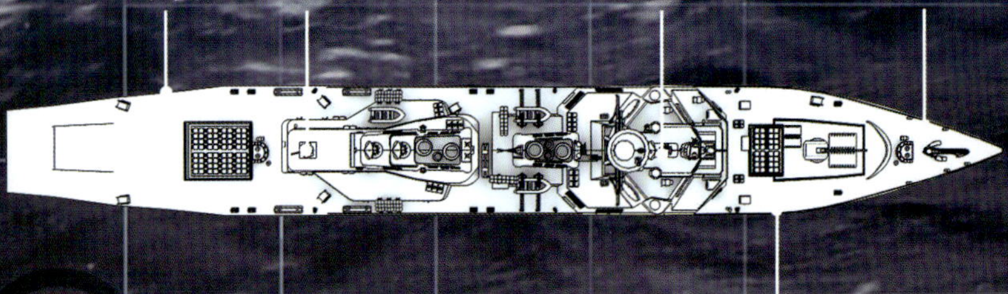

鱼雷

两座三联装324毫米鱼雷发射管，霍尼维尔公司的“MK46Mod5”尼尔蒂普”反潜鱼雷，射程11千米，航速40节。

主炮

金刚级驱逐舰的主炮装有一门单管12.7厘米54倍径自动舰炮，但并非美国制造的MK-45舰炮，而是意大利奥托·梅莱拉的产品。该炮在此种口径的各型舰炮中性能属于一流，对付水面目标的射程为16千米，对空射程则为7千米，射速高达45发每分，足足为美制MK-45（20发每分）的两倍而有余。炮座下方设有三个装弹鼓，每个弹鼓能容纳22发炮弹。

3 舰炮

1门“奥托·梅莱拉”127毫米/54火炮，仰角85度，射速45发每分，射程16千米，弹重32千克。

阿里伯克级驱逐舰

- 构型基本相同
- 伯克级的轻质十字桅杆
- 舰桥较金刚级少两层甲板

金刚级驱逐舰

- 构型基本相同
- 海自传统的重型四角格子桅
- 舰桥较阿里伯克级多两层甲板

2 上层结构

金刚级的上层结构比伯克级更高耸，因为本级舰身负指挥护卫群的防空舰艇遂行对空作战的任务。

4 舰体

金刚级拥有舰体隐身设计，舰体外型更加简洁化，采用加压气密堡垒式舰体以在核生化环境下作业。

SAILING FAR AWAY

[方舟万里]

BRANDENBURG 勃兰登堡级护卫舰

BRANDENBURG-CLASS FRIGATE WAS OFFICIALLY SERVED IN 1989

在1972年，德国海军针对未来海军需要，针对老旧的汉堡级驱逐舰和科隆级导弹护卫舰研发替代舰船。1989年6月德国海军勃兰登堡级护卫舰开始进入现役，基本上是仿照不莱梅级舰设计、改进，以取代汉堡级护卫舰。它的主要任务是反潜作战，还兼顾防空、战术指挥和水面作战等任务。

勃兰登堡级(改进型)

- 舰长138.8米
- 满载排水量4700吨
- Mk-32Mod9鱼雷发射管

不莱梅级(原型)

- 舰长130米
- 满载排水量3800吨
- Mk-32反潜鱼雷发射管

舰首武器系统

舰桥前方为一个A规格的模块基座，用以安装MK-41Mod3垂直发射系统，可容四组八联装MK-41发射器模块，容纳16枚北约海麻雀短程防空导弹。有一门奥托·梅莱拉76舰炮，安装于舰首炮位的AA规格模块基座。本舰在服役之初配备两门Mark-20Rh202的20毫米65倍径机炮，未来将被Mauser新开发的MLG-27的27毫米轻型自动机炮取代。

成功之作

四艘勃兰登堡级从1994~1996年陆续服役，从设计到成军相隔甚短，但德国优良的造船技艺，外加先前MEKO系列模块化设计已经获得充分验证，使得勃兰登堡级不仅性能精良，而且在整体设计上堪称相当成功。

2 直升机甲板

直升机甲板是舰船上供舰载直升机起降和停放的甲板，舰尾直升机甲板明显低于舰艏船舷的高度。

1 船舷

采用较高且完全没有弧度的船舷，可强化耐波力、减少舰首甲板上浪，也增加了舰艇内部的可用空间。

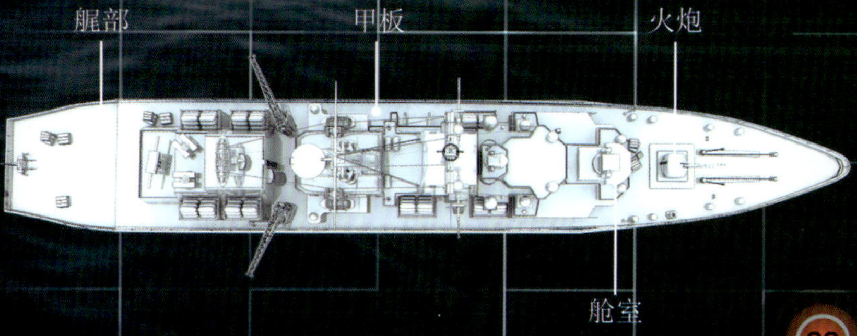

THE REMOTE SHOOTING

[巨浪潜伏] SEAWOLF 美国海狼级攻击核潜艇

SEAWOLF-CLASS SUBMARINE WAS FIRSTLY BUILT IN 1898

冷战时期，美国为取得制海权，与苏联相抗衡，建造了海狼级攻击核潜艇。该艇格外强调武器装载量、持续作战的能力与静音能力，以便增加其在苏联势力范围内的存活概率及胜算。可以说，它是反潜作战的极致产物。第一艘早在1989年1月9日便开工建造，但由于建造期间冷战结束，美国军事预算缩水，加之技术经验匮乏，致使原本预计建造29艘的海狼级核潜艇只建造了三艘便宣告停工。

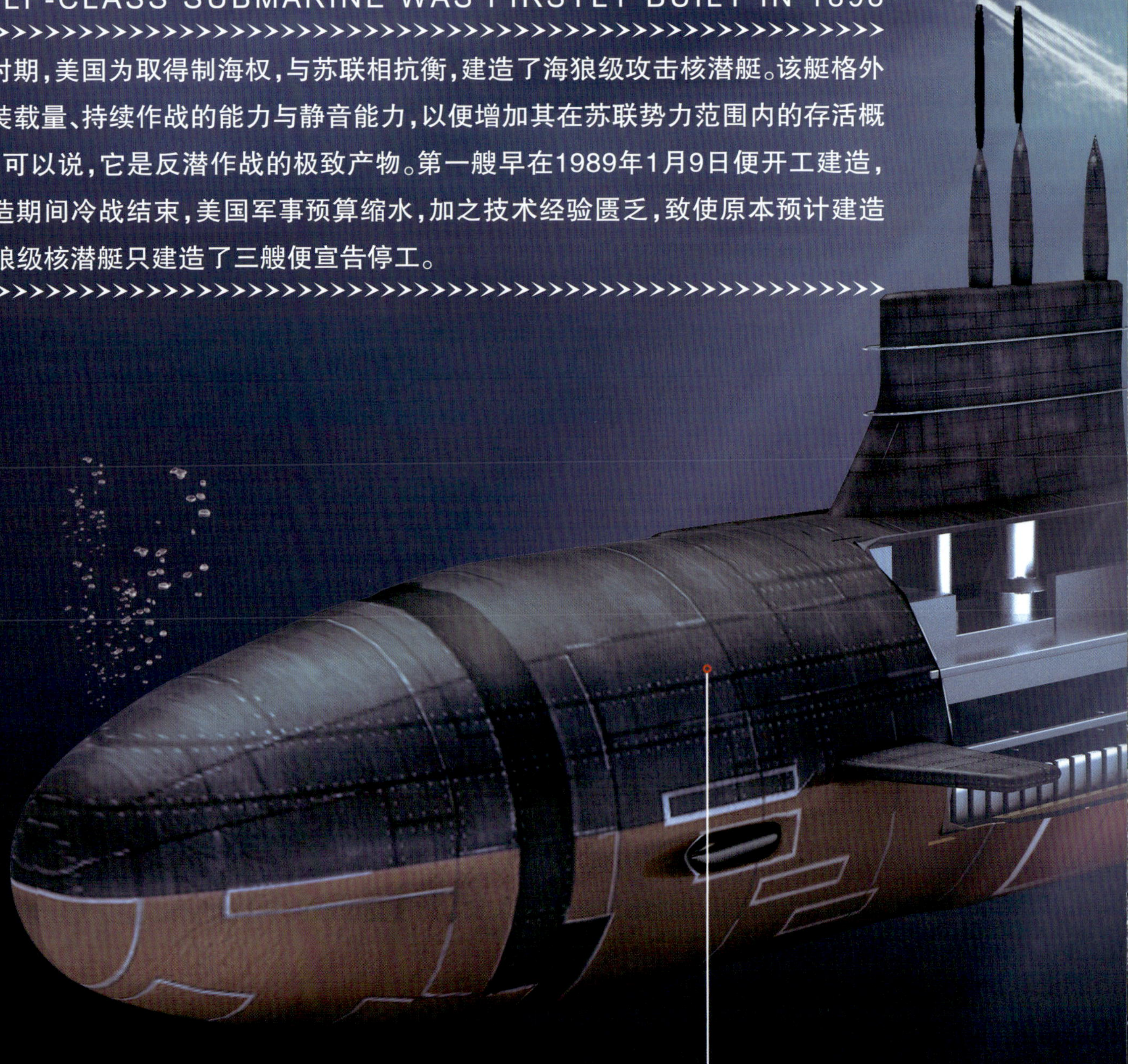

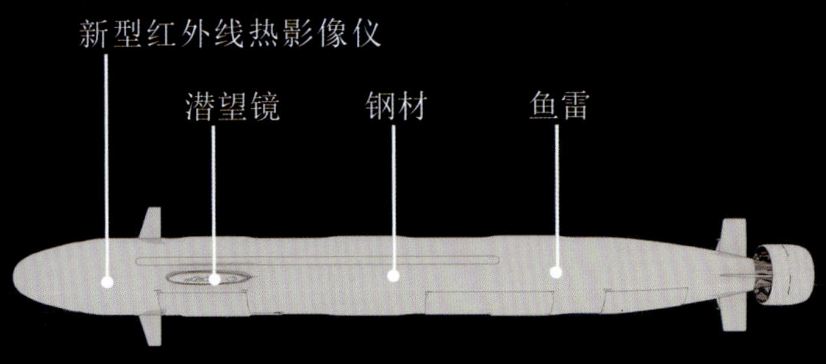

鱼雷

海狼级总共有八门鱼雷管，包括MK48鱼雷 ADCAP，以游出方式发射鱼雷时也更加安静，使敌方很难察觉。

洛杉矶级核潜艇

- 水下排水量6927吨
- 无潜航深度与极地作业能力
- 1台辅助推进电机

海狼级攻击核潜艇

- 水下排水量9142吨~12 139吨
- 有潜航深度与极地作业能力
- 单轴喷射推进器

泪滴舰体

海狼级核潜艇沿用与洛杉矶级潜艇类似的简化型泪滴舰体（首尾轮廓为泪滴型，中段舰体为单纯的平行管状构造），其舰壳表面力求光滑简洁并尽量减少突出物，以降低水流流过舰体产生的噪音，这是各国未来新一代潜艇的共同发展方向。

3 红外线热影像仪

整合一具不需要冷却的新型红外线热影像仪，供夜间使用，此系统从2008年开始在洛杉矶级上进行测试。

2 钢材

海狼级舰身以HY-100高张力钢板建造，厚度胜过洛杉矶级恢复美国潜艇的水准，最大潜深达到610米。

六片式尾翼

以往的美国核能潜艇都采用十字型舰尾控制翼，而海狼级则采用新的六片式尾翼，多出来的两片翼面位于两侧水平翼面与底部垂直翼面之间，倾斜朝下，作为拖曳声呐的施放口。

THE LEGEND OF EMPIRE

[帝国传奇]

CRUISER 彼得大帝号核动力巡洋舰

"PETER THE GREAT" CRUISER IS THE MASTERPIECE OF SPKB

彼得大帝被认为是俄罗斯最杰出的皇帝，以他的名字命名的彼得大帝号巡洋舰更是苏联北方设计局的杰作。该巡洋舰是目前俄国海军唯一在役的、也是世界上唯一一艘非航空母舰核动力巡洋舰，该舰长252米，宽28.5米。

彼得大帝号(三号舰)

- 舰长252米
- 吃水10.3米
- 世界上唯一现役舰核动力舰艇

基洛夫级(原型舰)

- 舰长251.2米~252米
- 吃水9.1米
- 世界唯一排水量超两万吨舰艇

2 飞行甲板

飞行甲板就是航母舰面上供舰载机起降和停放的上层甲板，该舰上面是飞行甲板，下面是机库。

1 舰艏

舰艏即舰船的首部，该巡洋舰艏部细长，顶端上翘，艉部呈方形，设有飞行甲板。

3 蒸汽动力装置

两台蒸汽动力装置的总功率是3万千瓦，两装置如果并机使用，可以发出高达9万千瓦的总功率，使该舰以30节的全速前进。

4 搜索雷达

该舰携有搜索雷达，是一种军事任务，很远的探测距离和很大的覆盖空域，主要任务是发现远距离军事目标。

空前的火力

彼得大帝号巡洋舰的防空火力空前强大。中远程为SA-N-6VLS系统，甲板下共12个该型导弹的垂直发射系统，每箱备弹8枚，总计96枚。该系统可同时发射12枚导弹，迎击12个空中来袭目标。近程为SA-N-9VLS系统两组，每组8个发射舱，每舱备弹8枚，总计备弹128枚，该弹射程15千米，速度可达2450千米每小时。

"彼得大帝"的动力装置

它采用两座核反应堆和两座燃油锅炉的混合式动力系统。核动力装置和蒸汽动力装置以平行方式工作。其中两台核装置的总功率达6万千瓦，可以使该舰以24节的速度航行。两台蒸汽动力装置的总功率是4万千瓦。两装置如果并机使用，可以发出高达9万千瓦的总功率，使该舰以30节的全速前进。

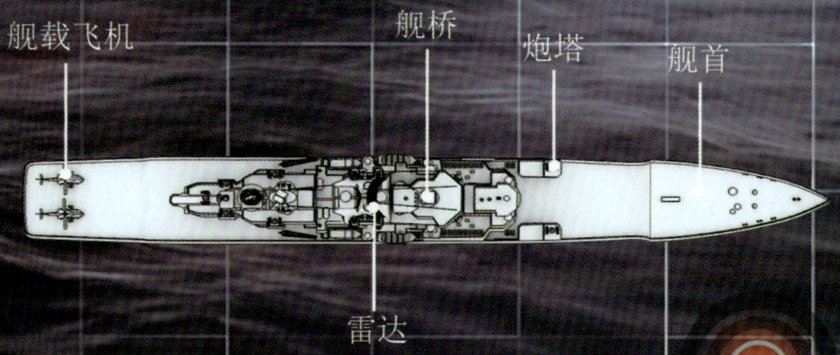

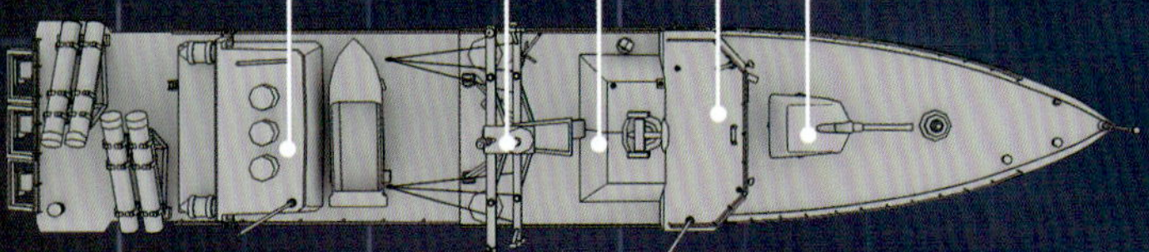

△ 隼级(三菱重工生产)

- 番号PG-824
- 2001年6月13日下水
- 2002年3月25日服役

若鹰级
△(三菱重工生产)

- 番号PG-825
- 2001年9月13日下水
- 2002年3月25日服役

船楼

该艇船楼是美国伯克级驱逐舰的缩小版，同为封闭式构造，采用向内倾斜的造型设计以降低RCS。

1999年日本海军更加强调攻击或驱离小型船只的能力，并将此调整立刻反映在导弹艇的设计中，产生了隼级导弹艇。具体的措施包括设置防弹装甲、加装激光红外夜视系统及卫星通讯系统、提高最大速度等。日本海自的小型作战舰艇一向仅被赋予编号而无舰名，但隼级导弹艇却明显例外，足见日本海自对其寄望之深。

THE ECHOING TWITTER

[鸟鸣穿涧] FALCON 隼级导弹艇

HAYABUSA-CLASS MISSILE PATROL BOAT BORE A DEEP HOPE

3 舰炮

舰首装有一门奥托·梅莱拉76毫米舰炮紧凑快速型，由意大利奥托·梅莱拉公司授权日本制造。

烟囱的设计

采用高功率的动力装置能获得最好的快速反应性与加速度，在港内接获命令后便能立刻以最大速度出击，所以隼级采用了比一般柴油机推进导弹快艇更大的烟囱，其设计是为了防止烟囱排出的热废气被吸入烟囱后方主机进气口。

转向式水喷推进系统

隼级导弹艇采用三具三菱重工制造的MWJ-900A可转向式水喷射推进系统，喷射推进系统被安装在靠近船尾的额船舱内部。水从船底被吸入喷射装置，然后以高速从船尾排出。水喷射推进系统的转向支柱采用菱形截面，能够使其拥有44节的航速，灵活度也相当良好。

2 电子支援系统

隼级设有NOLR-9B电子支援系统，使本级艇在只依靠友军单位从数据链传来的目标信息。

THE DIGITAL FLAGSHIP

[数字旗舰] SAXONY 萨克森级护卫舰

SACHSEN-CLASS IS A HIGHLY ADVANCED AIR-DEFENSE FRIGATE

21世纪各国将领先科技全方位地应用在船舰建造上，德国海军萨克森级护卫舰便是如此。该护卫舰是迎合海上作战发展形势建造的最新型护卫舰，装备性能一流的APAR主动相控阵雷达，突出防空作战任务，充分采用先进的计算机控制技术，堪称数字化战舰。该级舰预计建造3艘，目前是德国海军最大的水面舰艇，也是德国海军第一艘采用模块化设计的舰艇。

SSMART-L 远程三坐标雷达

采用SSMART-L远程三坐标雷达。该雷达由液压稳定天线、发射机、接收机、微处理机等组成。SMART-L远程三坐标雷达天线安装在桅顶上，采用液压稳定系统。由一个单阵元自由倾斜宽带发射阵列和一个多阵元带状线接收阵列组成。它与APAR有源主动相控阵雷达的组合具备反弹道导弹的潜力。

鱼雷

配备有两套三联装Mk-32鱼雷发射装置，应用EurotorpMU90轻型鱼雷，另外还配远距离轻型鱼雷。

雷达控制面板

萨克森级防空护卫舰桅杆顶部安装有APAR相控阵雷达天线面板。APAR雷达是由泰利斯公司研制的有源相控阵雷达，是当今世界上复杂的多功能雷达。该雷达有四个固定阵面天线，覆盖360度，每个阵面覆盖非常小的雷达收/发组件。该雷达还采用先进的间断连续波照射技术。

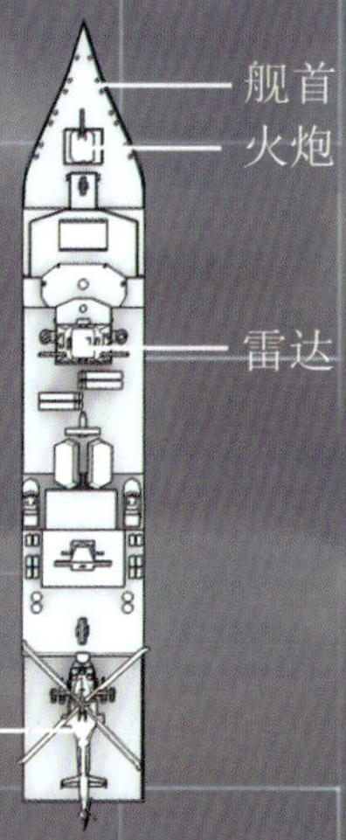

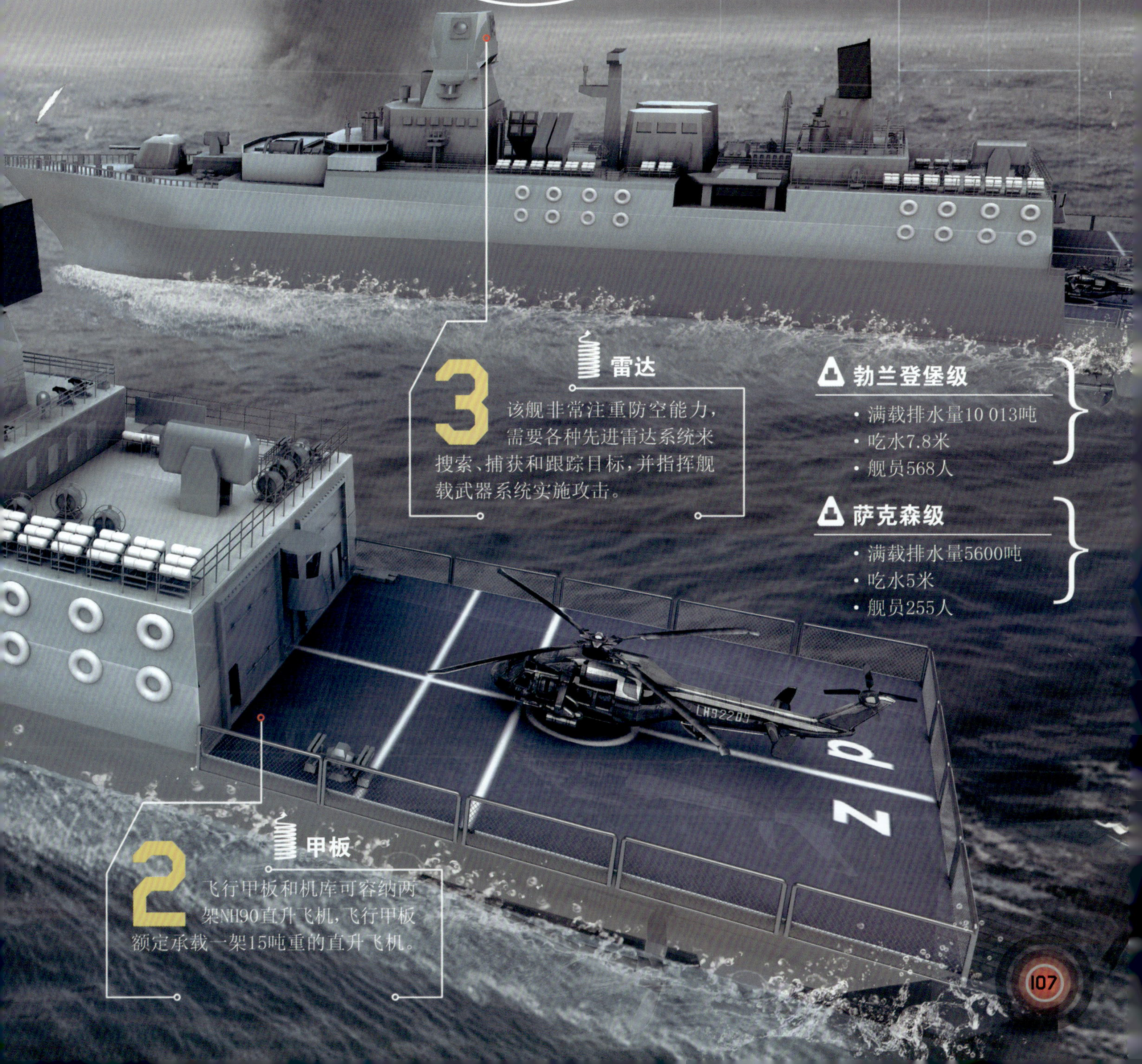

3 雷达

该舰非常注重防空能力，需要各种先进雷达系统来搜索、捕获和跟踪目标，并指挥舰载武器系统实施攻击。

勃兰登堡级

- 满载排水量10 013吨
- 吃水7.8米
- 舰员568人

萨克森级

- 满载排水量5600吨
- 吃水5米
- 舰员255人

2 甲板

飞行甲板和机库可容纳两架NH90直升飞机，飞行甲板额定承载一架15吨重的直升飞机。

垂直发射器

舰上配备2个共可发射16枚鱼叉导弹的模组、3个12管垂直发射的Mk-56垂直发射器，用垂直冷发射的导弹在发射筒底部有个以压缩空气、压缩蒸汽或助推剂燃气为动力的助推系统，发射时气体发生装置产生冷气体，推动导弹向上弹出发射器。可发射36枚RIM-162型先进海麻雀导弹。

阿伯沙龙级(L16型)

- 丹麦海军最大战舰之一
- 2004年10月19日服役
- 6300吨

艾斯伯恩·斯纳尔级(L17型)

- 丹麦海军最大战舰之一
- 2005年4月18日服役
- 满载排水量5290吨

1 舰炮

该舰有强大的武器系统，舰首配备一门美制的Mk45Mod4型5英寸快炮，可发射如EX-171型延程炮弹。

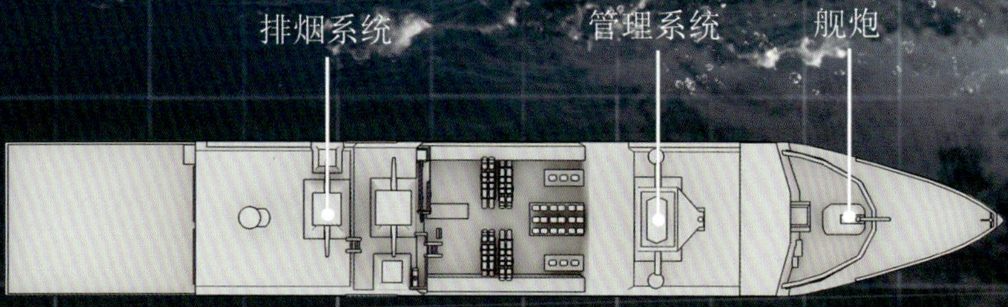

2 管理系统

整合战斗损害管制系统，与舰上的管理系统连线，可全天候监控阿伯沙龙级多功能支援舰的运作状态。

SPECIAL OP'S PIONEER

[特战先锋]

ARBORSALON

丹麦阿伯沙龙级多功能支援舰

ABREU SALON CLASS CAN BE USED IN A LARGE RANGE

1999年，丹麦造舰计划获得批准，2001年丹麦造船厂开工建造阿伯沙龙级多功能支援舰。第一艘阿伯沙龙级支援舰“于2003年11月28日安放龙骨，2004年2月25日下水，并于同年10月19日服役。它除了本身火力强大外，舰上还可供联合作战部队指挥部进驻，担任海上活动作战指挥中心，或是在一般人道救援或天然灾害救助时担任海上医院，也可供特种部队进驻，成为海上特战前进基地，用途非常广泛。

3 排烟系统

舰上排烟系统设置了热交换装置，让排烟的温度尽量降低，降低遭红外线导弹锁住的概率。

成功测试“太平盛世”舰炮

厄利孔公司的“太平盛世”35毫米海军舰炮系统在丹麦海军阿伯沙龙号补给舰上成功击中水面和空中目标。丹麦国防采办与后勤局表示，两座“太平盛世”舰炮的试验非常成功。

HINDING IN THE DEEP SEA

U31

[深海隐匿] 德国U31核潜艇

THE FIRST TRIAL OF TYPE U31 NUCLEAR SUBMARINE WAS 2003

2003年4月7日，世界第一艘全新的燃料电池驱动的潜艇U31核潜艇在德国北部基尔港下水，开始了首次试航，它是由位于德国基尔的霍瓦兹造船公司(HDW)研制建造的。这种常规潜艇配备了先进的指挥和武器控制系统(CWCS)以及诸多高科技装备，被西方军事专家誉为目前世界最先进的常规动力潜艇。U31核潜艇最大的特点在于其驱动力来自一种全新的燃料电池，装有燃料电池动力系统(AIP)。

U31级潜艇(德国研制)

- 潜艇长55.9米
- 水下最大航速20节
- 水下排水量1830吨

U212级潜艇(德国研制)

- 潜艇长53.2米
- 水下最大航速21节
- 水下排水量1800吨

艇体

U31核潜艇的艇体采用高强度非磁性钢材，它的外形类似一截顶锥体，既低矮又尖细，周身圆顺平滑。

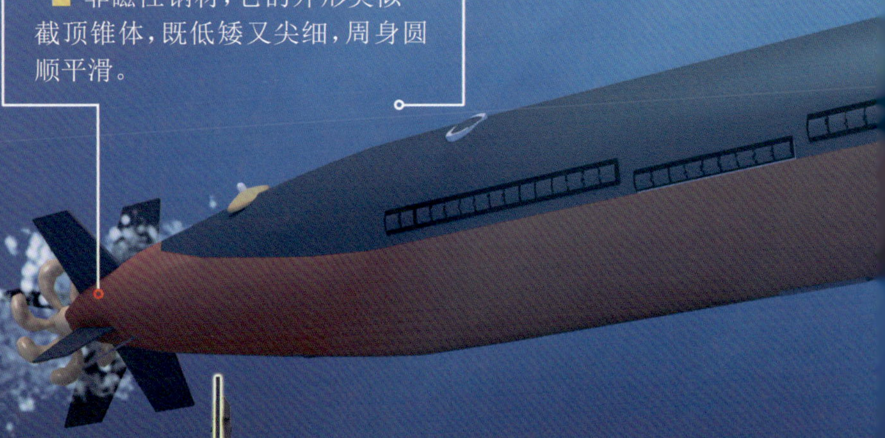

X舵

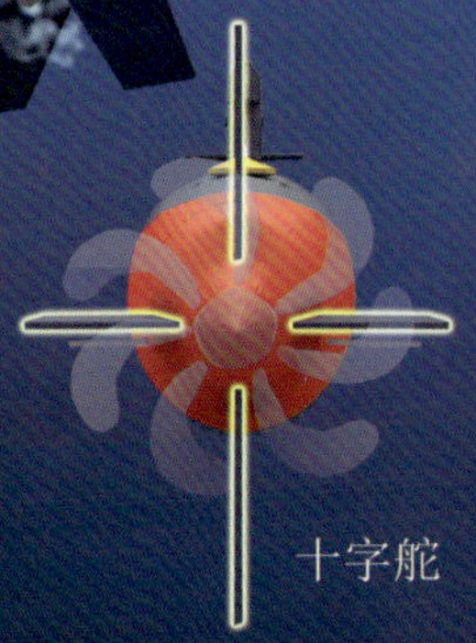

十字舵

X舵

U31核潜艇的尾操纵面为X型，即我们常说的X舵。现今常规潜艇和部分核潜艇都是十字舵，只有少数先进核潜艇用X舵，这也是U31与众不同的地方。X舵比十字舵的舵效高，因此不必设计很长的舵，对坐沉海底也很有帮助，此外如果单个多面发生卡舵，靠另外三个舵亦可实现机动，它在静音方面的帮助似乎不是很大。

梦想以成现实

一百多年前，科幻作家凡尔纳在小说《海底两万里》中，描述了一艘被称作鹦鹉螺号的潜艇，它能以取自海水的钠和汞为动力，能在水下停留个把星期。鹦鹉螺号只是一个幻想。但今天，人类开始向这个梦想接近。2005年10月19日交付德国海军使用的U31和U32潜艇，同样也可在水下停留数周，动力是由钠汞电池提供。

3 流水孔

流水孔是U31潜艇艇体与外界的切口，都用自动活动盖板将其关闭。

4 鱼雷发射管

U31核潜艇装有最先进的水下武器系统，其前部装6具533毫米鱼雷发射管，可发射新式智能化鱼雷。

2 指挥室围壳

指挥室围壳大小已不是暴露主要因素，设计者还是将U31核潜艇的指挥室围壳设计成小、尖、圆、滑的独特形状。

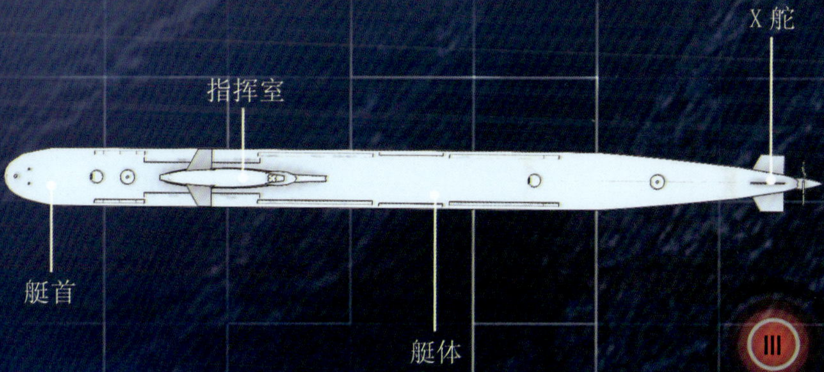

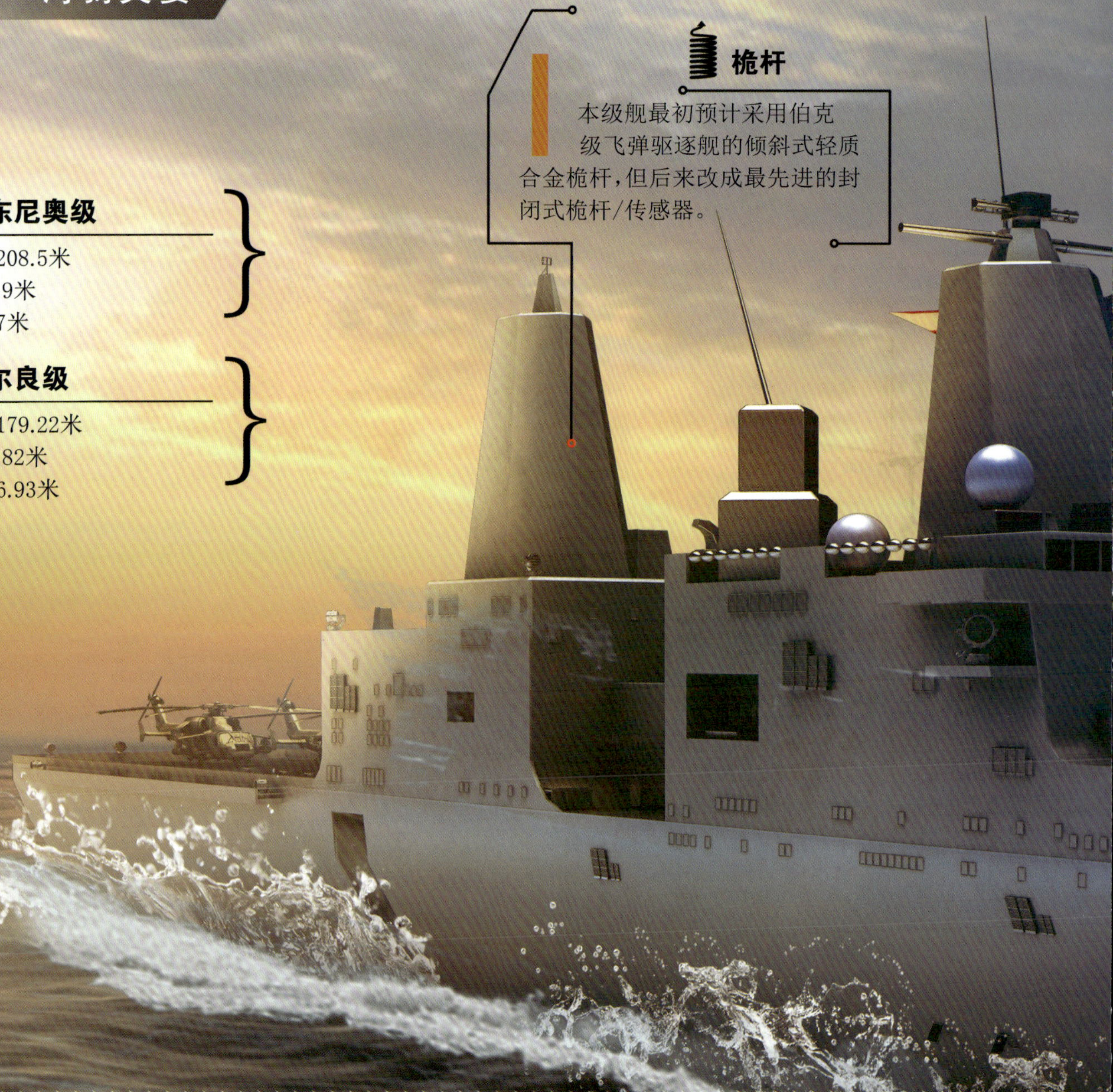

桅杆

本级舰最初预计采用伯克级飞弹驱逐舰的倾斜式轻质合金桅杆，但后来改成最先进的封闭式桅杆/传感器。

圣安东尼奥级

- 全长208.5米
- 宽31.9米
- 吃水7米

新奥尔良级

- 全长179.22米
- 宽18.82米
- 吃水6.93米

第二次世界大战及更早期的登陆作战中，部队运送主要依靠传统的运输船，在离海岸一定距离处停下，登陆部队换乘登陆艇后抢滩上岸。这一过程缓慢而又危险，为加快登陆速度，船坞登陆舰被设计出来。圣安东尼奥级两栖船坞登陆舰，代表着两栖船坞运输舰技术先进水平。不仅在战时承担运输任务、为两栖编队提供防御能力、作为辅助医疗接收船，还能用于平时的警备、抢险救灾等快速反应任务。

THE AMPHIBIOUS KING

[两栖霸主] SAN ANTONIO 圣安东尼奥两栖船坞登陆舰

LPD-17 IS DESIGNED TO DELIVER UP TO 800 MARINES ASHORE

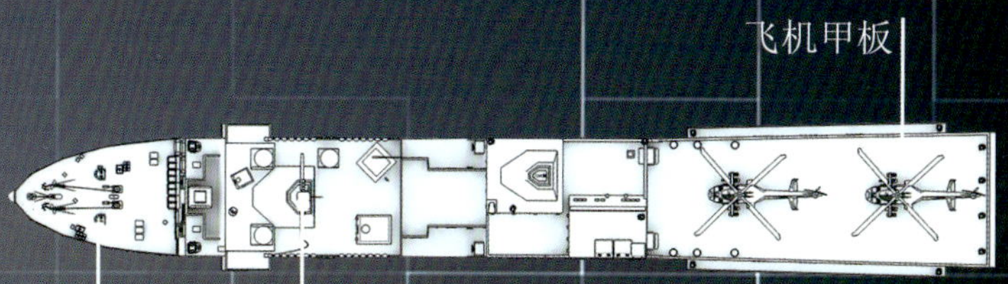

2 信息系统

海上全球指挥控制系统、海军战术指挥支援系统等信息系统可保证它能与岸上的指挥机构进行信息共享。

八角形雷达罩

本级舰最初预计采用类似伯克级飞弹驱逐舰的倾斜式轻质合金桅杆，后来改成最先进的封闭式桅杆/传感器(AEM/S)，呈八角形、高28.34米、最大直径10.67米，把舰载雷达天线等大多数的探测装置封闭在里面。桅杆外表面采用先进的复合材料，具有波段选择性穿透能力——本舰向外发射的电磁波的功率损失很小。

质量问题严重

该级两栖船坞登陆舰深受品质困扰，近年美国造舰计划管理混乱，时程与成本失控及监工不良。该舰在2005年交付美国海军时，舰上电器、电路装备仍存在大量问题，包括电缆根本不通、线束捆绑不正确、电缆超载及浸水区域电缆外皮包扎不结实等。虽在2006年12月进入美国海军服役，但是直到2008年年初都还无法担负任务。

STARTING FROM HOMETOWN

[风起故里]

NORTHWESTWIND

西北风级两栖攻击舰

MISTRAL-CLASS AMPHIBIOUS ASSAULT SHIP WAS FINISHED IN 2002

20世纪末，法国本已有一支较强的两栖舰队，装备有两艘闪电级和两艘暴风级大型两栖船坞登陆舰，但却不能提供多国作战的指挥平台和有力支援的垂直登陆舰艇，这与它身列海上强国的地位太不相称。2000年，法国海军与舰艇建造局签订4.72亿美元合同，以商业标准建造西北风级两栖攻击舰，2002年完成设计。西北风级两栖攻击舰是法国为适应北约组织增强战略海上输送能力要求而建造。

闪电级船坞登陆舰

- 舰体总长168米
- 1450平方米飞行甲板
- 47张病床

西北风级两栖攻击舰

- 舰体总长199米
- 5200平方米飞行甲板
- 69张病床

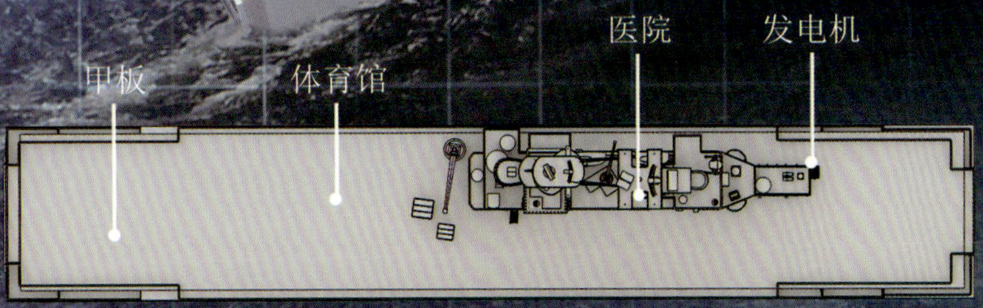

甲板

飞行甲板面积为5200平方米，设有6个直升机停机点，可同时起降6架直升机，5个可停放16吨直升机。

2 医院

该舰上设有配备69张病床的舰上医院，有专职医生，有效保障了舰上人员的健康。

武器装备

西北风级配备两门Brenda Mauser30毫米70倍径自动化机炮、两组人力操作的马特拉(Matra)双联装Simbad西北风短程防空导弹发射器以及4挺12.7毫米机枪，不过实际上只有装备12.7毫米机枪。此外还安装米斯特拉尔防空导弹，该导弹火力威猛，是主力武器。为其加强舰载防空系统，其中包括增加使用可自动装填导弹的“特拉尔”系统。

3 体育馆

拥有一个150平方米的体育馆，体育馆内有各种体育设施，能够很好的满足士兵的锻炼需求。

推进装置

采用罗伊斯·罗尔斯“美人鱼”可转式囊荚推进器MERMAID荚舱，在Rolls Royce位于瑞典的工厂制造，并由法国APC完成最后组装与测试。此种动力配置不仅使船舰运动性更佳，而且省去传统大轴、减速齿轮后，舰内可以多出更可观空间，噪音与维护成本也大幅降低。

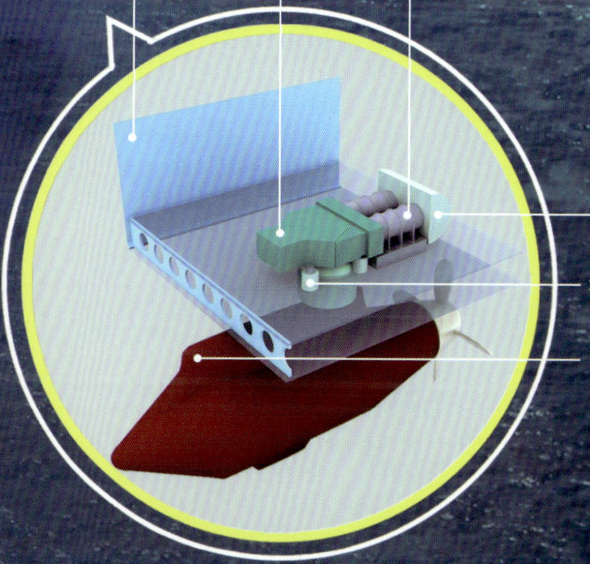

2006年9月1日，一艘让外界耳目一新的小型战舰——21630型布扬级炮艇的首制艇“阿斯特拉罕号”，在圣彼得堡金刚石船舶制造公司交付俄海军。尽管这只是一艘满载排水量在500吨上下的小型水面作战舰艇，但其全新的设计理念及齐备的舰载武器都吸引各界的关注。布扬级炮艇是一种先进的小型水面作战舰艇，其阿斯特拉罕号炮艇在2007年中期加入俄海军里海区舰队服役，担负维护里海地区政治、经济及外交利益的重任。

SAILING NEAR THE OFFSHORE

[近海游骑] BHUYAN 布扬级炮艇

BHUYAN-CLASS GUNBOAT PLAYS AN ROLE IN PROTECTING CASPIAN SEA

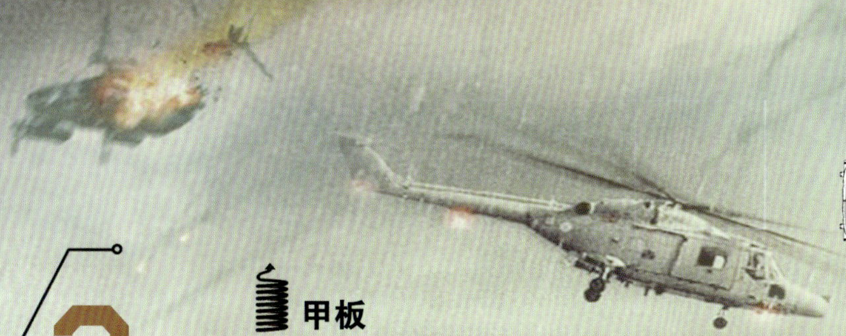

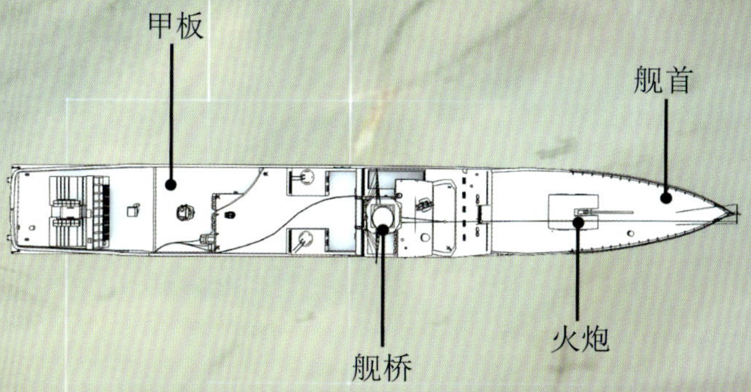

3 甲板

主甲板从舰首到艇尾呈阶梯状布置，前高后低，尤其是舰尾明显低于前部甲板，艇首两舷稍向外飘。

俄海军最先进的舰炮

布扬级的舰首安装一座A-190型100毫米高平两用火炮，这是俄海军目前最先进的100毫米舰炮，该型火炮（不包括弹药）由"低音帐篷"雷达提供控制，使用不同的弹药既可攻击海面、海岸目标，也可拦截空中低速目标甚至反舰导弹等，最大射程大于20千米。

上层建筑上的火炮系统

布扬级炮舰的上层建筑之后的甲板两舷各布置一座AK-306型（A-219型）6管30毫米加特林自动近防火炮系统，由"低音帐篷"雷达提供控制，主要用于装备各种小型舰艇。从外形上看两者并没有什么明显区别，但前者的载弹量及火力稍逊。AK-306型火炮可攻击轻武装海面、海岸目标、漂雷及孤立的空中目标。

COMPETING IN THE WAR

[圣地争锋] FREEDOM 自由号濒海战斗舰

FREEDON-CLASS LITTORAL COMBAT SHIP HAS A GOOD ADAPTATION

2004年，海军与洛克·马丁公司领导的工业小组签订合同，开发濒海战斗舰首舰。该工业小组采用了一种高生命力的半滑行单体船设计，具有出色的机动能力、适航性、任务执行能力和适居性。经过正式命名和下水后，自由号将继续在马里内特船厂接受总装和测试工作，该舰于2007年交付海军，最终母港将设在圣地亚哥。

自由号(濒海战斗舰)

- 全长115米
- 排水长3000吨
- 最大航速60节

独立号(濒海战斗舰)

- 全长127米
- 排水长2784吨
- 最大航速48节

一场虚惊

自由号于2013年亮相新加坡大型防务展，并引起广泛关注。2013年5月22日报道，美国海军的第一艘濒海战斗舰自由号日前因遭遇“引擎故障”而被迫返回新加坡港口。2013年5月21日起航后，自由号船员发现润滑系统存在沉积物，大约8小时后返回樟宜海军基地，该舰仅凭“自身动力”返回港口，全体船员在全程中都未遇到危险。

2 通信装置

附加了通信装置，可担任一艘指挥船，濒海战斗舰还可应用到非军事领域，用于打击走私、缉毒等任务。

濒海战斗舰

濒海战斗舰是冷战结束后美国海军针对可能面对的战术情境而建造，是基于对手的海空军力不强，难以在海上直接威胁美国作战舰队的舰艇转型的体现。濒海战斗舰主要着眼于在沿岸水域的各种低强度作战需求，沿岸比较可能出现的威胁，例如近距离与敌方水面船艇交战、浅海域反潜作战、清除敌国在沿海布设的水雷等。

3 起降平台

尾部起降平台还可为直升机和无人机提供作业，堪称高速“海上卡车”，舰体采用模块化结构。

1 战斗系统

强大的战斗系统满足了濒海战斗舰的火力需求，美国海军将以电磁轨道炮作为构筑整体战斗系统核心。

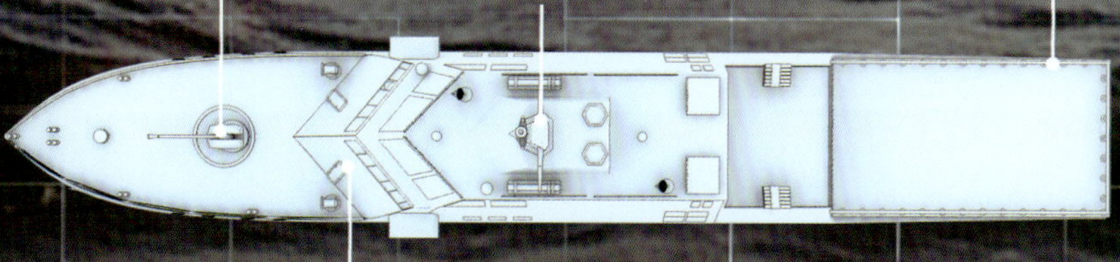

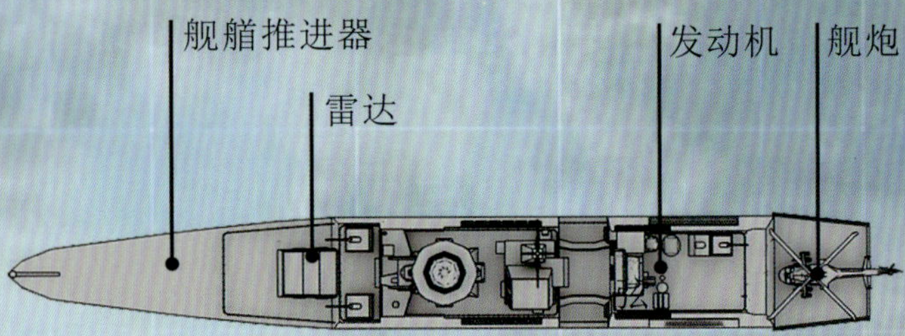

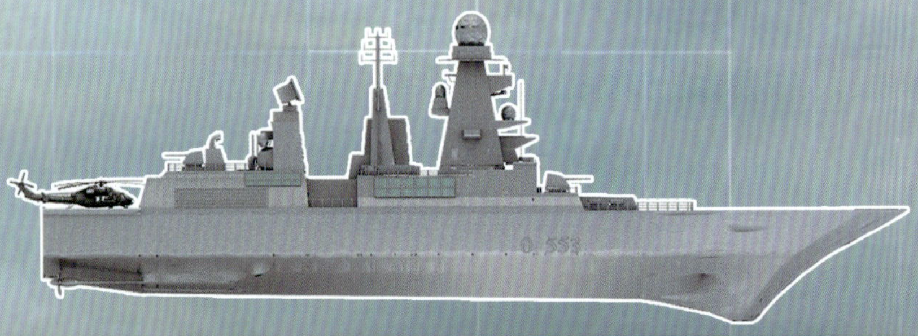

多功能的护卫舰

该舰是以导弹、舰炮、深水炸弹及反潜鱼雷为主要武器的轻型水面战斗舰艇。它的主要任务是为舰艇编队担负反潜、护航、巡逻、警戒、侦察及登陆支援作战等任务。现代护卫舰已经是一种能够在远洋机动作战的中型舰艇，一般护卫舰的标准排水量可达2500吨~4000吨，还普遍载有反潜直升机。

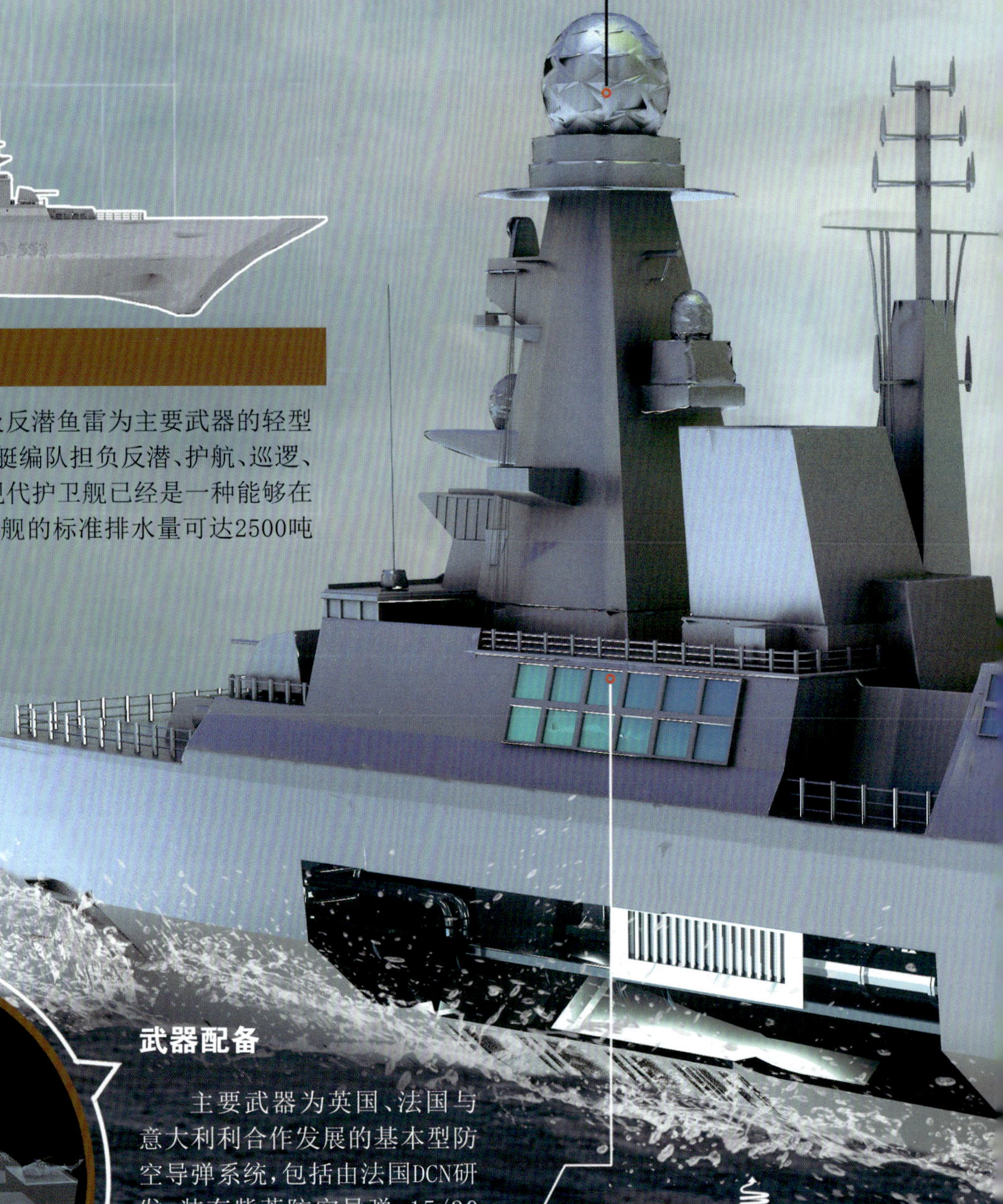

1 雷达

除主要的EMPAR防空射控雷达之外，另外装置一具长程电子扫描预警雷达作为EMPAR的辅助。

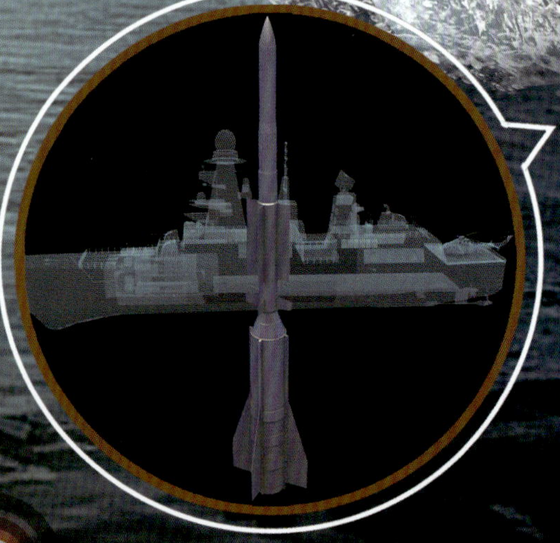

武器配备

主要武器为英国、法国与意大利利合作发展的基本型防空导弹系统，包括由法国DCN研发、装有紫菀防空导弹-15/30型的Sylver垂直发射系统共48管，并以EMPAR雷达来负责对空搜索与导弹导引。六组八联装Sylver A-50垂直发射系统，其中32管装填紫菀-30中程防空导弹，和16管装填紫菀-15短程防空导弹。

2 舰艏推进器

设有一个舰首推进器增加低速的灵活度，舰首推进器能够推动柴油发电机发电，使柴油机持续发电能力更强。

COMPETING OVER THE SEA

[海击对垒]

HORIZON 地平线级驱逐舰

HORIZON-CLASS DESTROYER OWNS MANY POWERFUL FUNCTIONS

地平线级驱逐舰本应是英、法、意三国于21世纪初联合研制的最新型防空驱逐舰，但由于各国实际需求不同，英国撤出后由法国和意大利继续开发研制。由于共同研制开发，两国生产的护卫舰装备的通用程度超过了90%，不过在部分武器系统上，法、意版的地平线各有不同。地平线级新型战舰集多种功能于一身，除为航母提供有效的防空火力支援外，还具有较强的反潜、反舰及对岸作战能力。

45级驱逐舰（欧洲新锐防空舰艇）

- 火力强
- 最高速度：30节
- 乘员：235人

地平线级驱逐舰（欧洲新锐防空舰艇）

- 火力强
- 最高速度：29节
- 乘员：174人

3 舰炮

意大利版和法国版地平线驱逐舰的火炮、反舰导弹各有不同。

WOUNDS OF WAR

[止战之殇] NEW YORK 纽约号两栖登陆舰

THE FIRST SAILING OF "NEW YORK" IS IN 2009

纽约号是圣安东尼奥级(San Antonio-class)的五号舰，是为了纪念在9·11恐怖袭击中丧生的纽约州与纽约市的牺牲者。对于仍然沉浸在恐怖袭击悲痛中的纽约人来说，这艘保存着世贸中心记忆的军舰，被视为一个“新的开始”。2009年10月13日，美国军舰纽约号从美国新奥尔良开始了它的初航。

纽约号(原型舰)

- 圣安东尼奥级第6艘
- 使用7.5吨双子塔的钢材
- 9•11事件受攻击战舰

阿灵顿号(姊妹舰)

- 圣安东尼奥级第8艘
- 密西西比州的帕斯卡古建造
- 9•11事件受攻击战舰

在纽约号上可以看到，船上最主要的通道被命名为“百老汇”，并且保留了纽约警察局和纽约消防队的标志，人们甚至能轻易在纽约号上找到曼哈顿最著名的34街和42街，并且欣赏世贸大厦倒塌之前纽约美丽的蓝色霓虹灯轮廓。

船舰上的“街景”

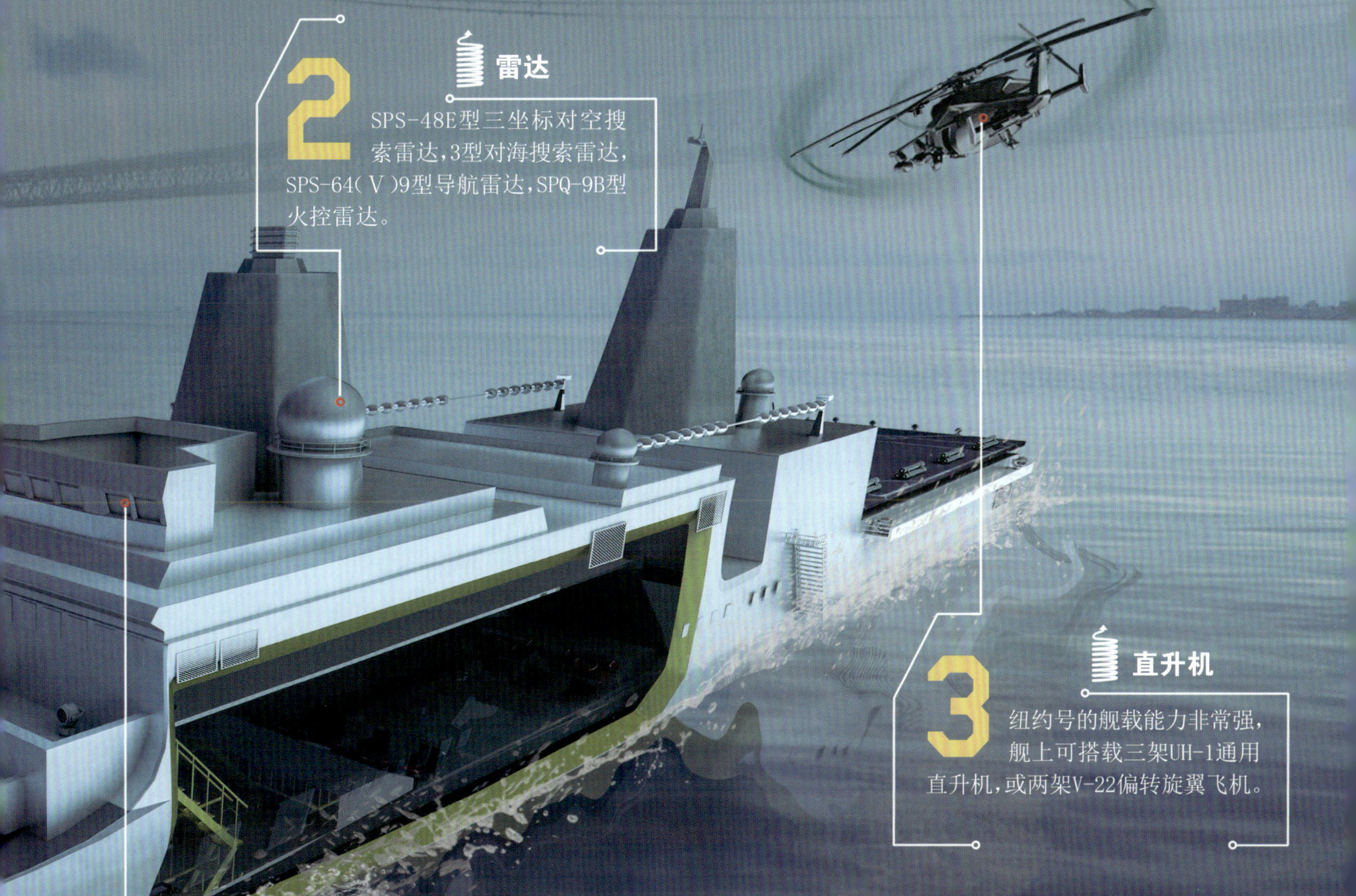

2 雷达

SPS-48E型三坐标对空搜索雷达，3型对海搜索雷达，SPS-64(V)9型导航雷达，SPQ-9B型火控雷达。

3 直升机

纽约号的舰载能力非常强，舰上可搭载三架UH-1通用直升机，或两架V-22偏转旋翼飞机。

装载能力

该舰能装载720名登陆人员，2艘气垫登陆艇，15辆两栖运输车，1架CH-53E直升机(CH-53E是西科斯基公司研制的三架重型多用途直升机，绰号为“超种马”)、或2架CH-64E直升机、或3架UH-1通用直升机、或2架V-22偏转旋翼飞机。

1 通信系统

通信系统包括SLQ-32(V)3型电子战系统，两栖攻击指挥系统，联合战术信息分发系统，卫星通信系统。

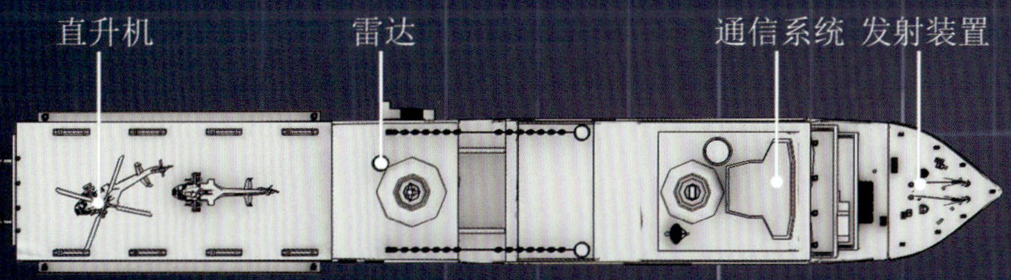

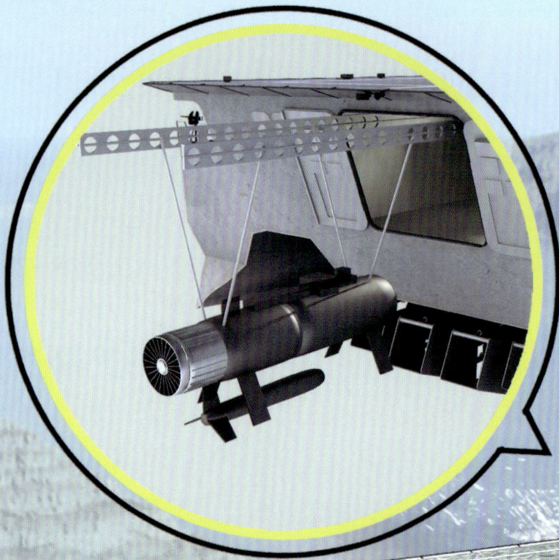

动力系统

动力系统与自由号完全相同，采用2台罗尔斯·罗伊斯MT-30燃气轮机和两台16PA6B STC柴油机。

远程猎雷系统

LCS-2具有良好的雷达探测规避能力和通信指挥能力，能秘密行驶至敌方海岸线附近协助特种部队执行秘密任务。LCS-2独立号濒海战斗舰运装了远程猎雷系统（RMS）和AN/AQS-20猎雷声呐。远程猎雷系统（RMS）是一种制式的、舰外水雷侦察系统，它利用遥控无人航行器，为航母战斗群中的舰艇提供有效的反水雷能力。

海湾战争结束后，美国海军便开始不断地调整军事战略，先后提出了“由海向陆”“前沿存在”等战略思想，将舰艇发展的重点转向以LCS濒海战斗舰为代表的小型战舰。2005年5月9日，美国海军宣布首艘濒海战斗舰将命名为自由号LCS-1。第二艘三体船型濒海战斗舰首舰LCS-2“独立”号于2006年1月19日铺设龙骨。濒海战斗舰不仅在美国海军舰队中占据较大的比例，而且也具备很重要的战略意义。

THE "SIREN" TRIMARAN

[三体海妖]

LCS-2

LCS-2 独立号 濒海战斗舰

LCS-2 "INDEPENDENT" LITTORAL COMBAT SHIP IS IMPORTANT

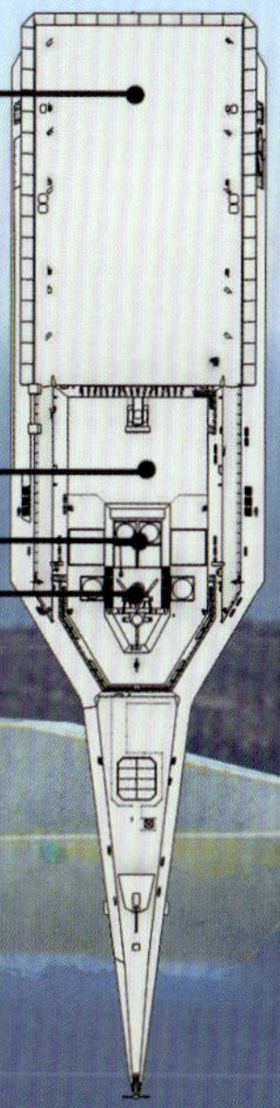

2 机库

机库可以容纳2架H-60直升机或者1架H-60直升机和3架MQ-8B火力侦察兵无人机。

3 三角桅

桅杆采用了三角桅，三角桅的隐身性能不如自由号的后倾式单桅，但比传统的格子桅要好许多。

LCS-1(自由号)

- 首艘濒海战斗舰
- 后倾式单桅
- 航行性能稍高

LCS-2(独立号)

- 第二艘濒海战斗舰
- 三角桅
- 航行性能略低

"三体海妖"始出来

2008年4月29日LCS-2独立号滑入水中。至此，美国海军濒海战斗舰计划的几大"主角"悉数登场亮相。LCS-2号也是全世界第一艘以作战为目的建造的三体军舰。虽然事先已经有相当多的图纸和模型将其"尊容"公之于世，但独立号奇异的外形还是给人们带来很大的视觉冲击，媒体将其称为"三体海妖"。

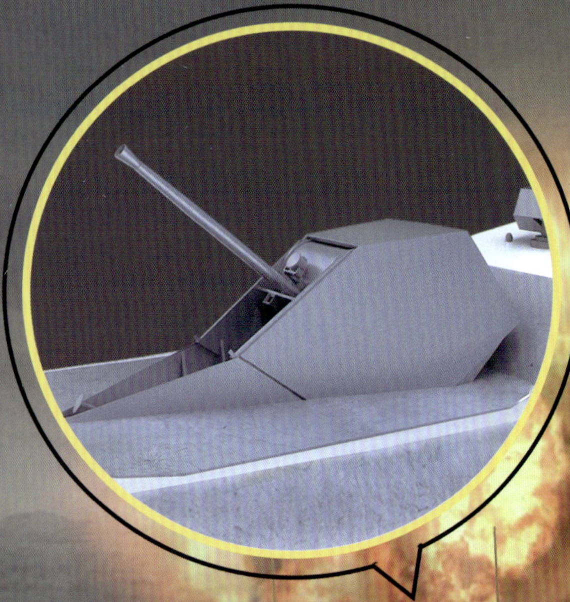

博福斯舰炮

护卫舰的上层建筑有一门MK-357毫米博福斯舰炮，该炮由CEROS200雷达/光电指挥仪控制，采用隐身炮塔，可发射57毫米可编程的引信炮弹。博福斯舰炮是舰艇上唯一的硬杀伤防空武器，这是因为瑞典海军水面舰艇的远程防空任务由空军的战斗机负责。考虑到舰良好的隐身效果，成为反舰导弹攻击目标的机会非常小。

随着先进探测技术的不断发展和精确制导武器的出现，水面舰艇的生存受到了严重威胁。因此，舰艇的隐身性能已经成为提高生存力和战斗力的关键因素，瑞典海军第一艘采用隐身设计的轻型护卫舰维斯比级轻型护卫舰也因此名震天下。维斯比级轻型护卫舰于2000年6月下水，由瑞典考库姆船厂建造，2003年服役。该级舰将快速攻击艇和高速巡逻艇的功能与反潜战舰艇和反水雷战舰艇的功能巧妙地融合在一起，是一种具有低空防御能力的多用途舰艇。

EXPLORE THE SPEED

[时速探测]

VISBY 瑞典维斯比级轻型护卫舰

VISBY-CLASS CORVETTE WAS OFFICIALLY SERVED IN 2003

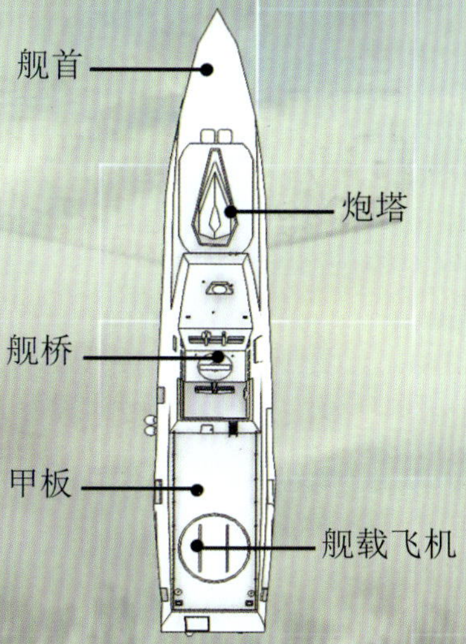

1 推进装置

采用喷水推进装置能使该级舰具有很高的机动性，同时又可减少舰的吃水，使该舰能在浅水海区使用。

3 柴油机

柴油机为两台MTU公司的生产的16V N90柴油机，输出功率是2637千瓦。

哥德堡级(前型)

- 轻型护卫舰
- 共建造4艘
- 长57米，宽8米

维斯比级(改进型)

- 轻型护卫舰
- 共建造5艘
- 长72米，宽10.4米

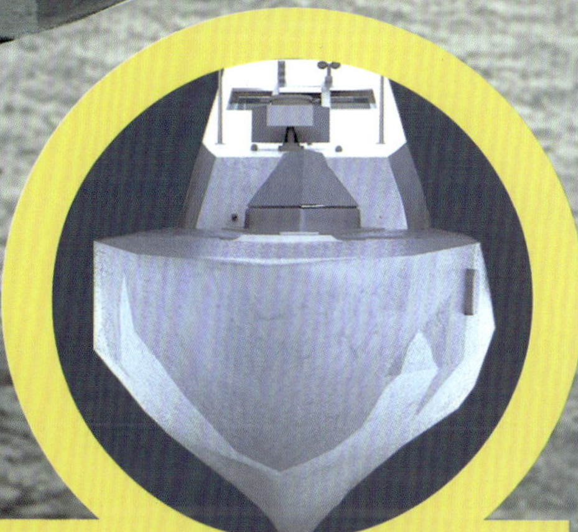

新颖的隐身设计

2 甲板

是船体重要构件，是船舶结构中位于内底板以上的平面结构，用于封盖船内空间，甲板上能反射雷达波物体都被隐蔽。

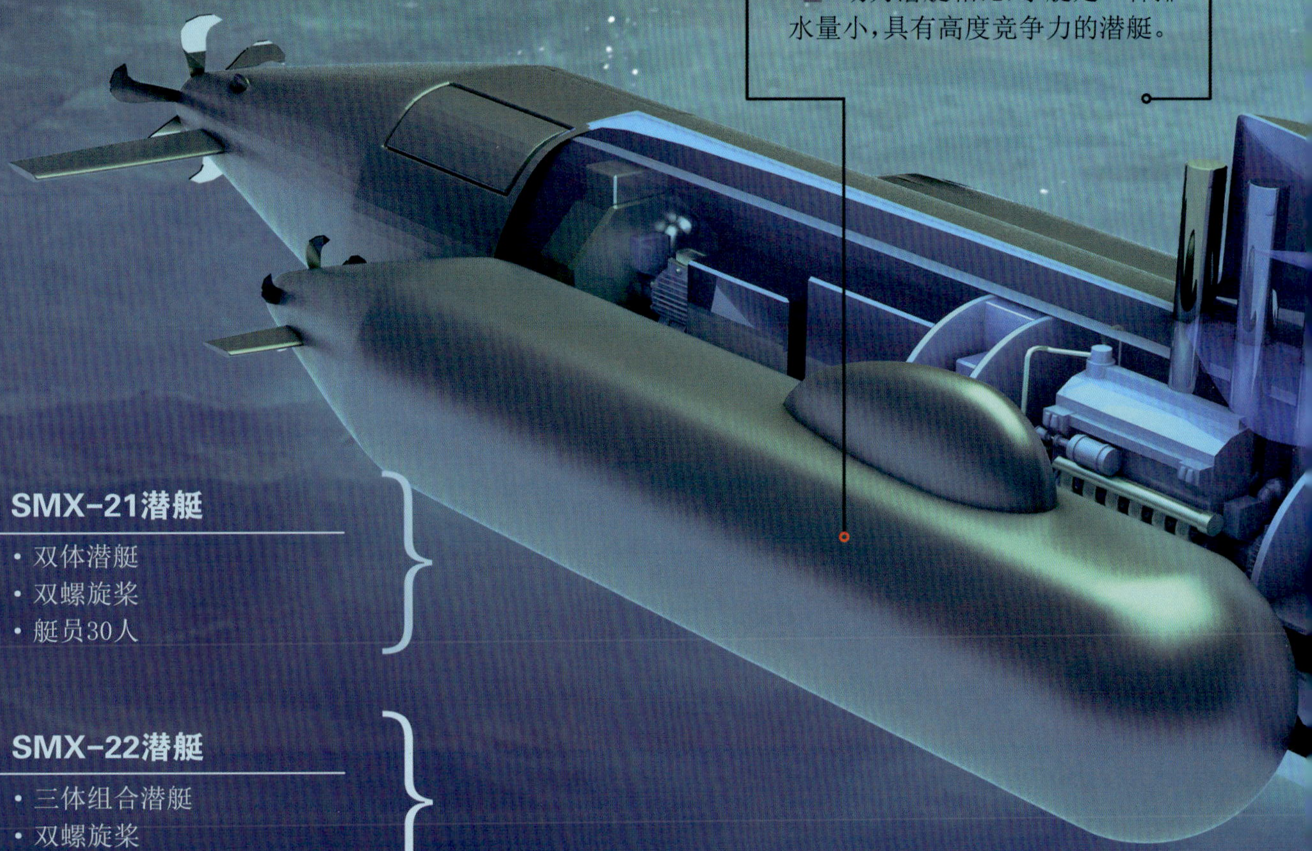

子艇

对于特定的任务而言，与常规动力潜艇相比，子艇是一种排水量小，具有高度竞争力的潜艇。

SMX-21潜艇

- 双体潜艇
- 双螺旋桨
- 艇员30人

SMX-22潜艇

- 三体组合潜艇
- 双螺旋桨
- 艇员25人

多年来，法国舰艇建造局一直在对国际市场上潜艇的需求展开调查和分析。新型潜艇应该具有执行多种任务的能力但不必同时执行这些任务。为满足不同任务的需要，功能模块必须易于重新配置，易于换代升级等。2005年夏初，在荷兰阿姆斯特丹举办的水下防御技术（UDT）欧洲技术展览会首次提到了法国SMX-22型潜艇概念。它是一种多用途潜艇，可以执行对陆攻击、海上攻击、布放水雷、搜集情报、反潜站、特种作战以及特种部队的部署等各种任务。

THE TRINITY

[三位一体] SMX-22 SMX—22 潜艇

SMX-22 SUBMARINE HAS A MULTI-PLATFORM CONCEPT

2 升降舵

艇首（或指挥室围壳处）和尾部各设有一对水平升降舵，用以操纵潜艇变换和保持所需要的潜航深度。

3 鱼雷

现代潜艇主要装备533毫米~650毫米的重型反舰/反潜两用鱼雷，末段采用声导、尾流自导等，可携18枚鱼雷。

双壳的潜艇

SMX-22是双壳潜艇，艇体分内壳和外壳，内壳是钢制的耐压艇体，保证潜艇在水下活动时，能承受与深度相对应的静水压力；外壳是钢制的非耐压艇体。内壳与外壳之间是主压载水舱和燃油舱等。主压载水舱布置在耐压艇体内。个半壳潜艇，在耐压艇体两侧设有部分不耐压的外壳作为潜艇的主压载水舱。

子母组合

SMX-22潜艇实际上是三艘潜艇的组合，一艘大型网络中心站母艇和两艘小型高效作战子艇。它们作为一个作战单元航渡到作战海区，到达作战区后，子艇脱离母艇单独执行作战活动，母艇则停留在后方相对安全的海域中。1天~2天后子艇各自执行不同的使命。母艇起到了水下航空母舰的作用，子艇有较高的稳定性和较低的航速。

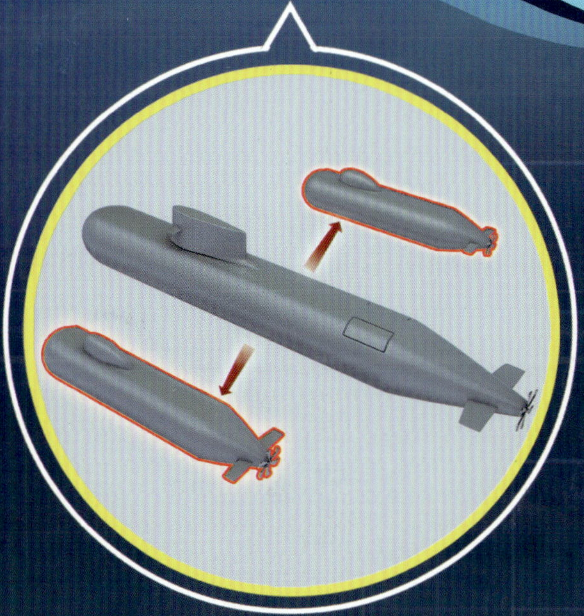

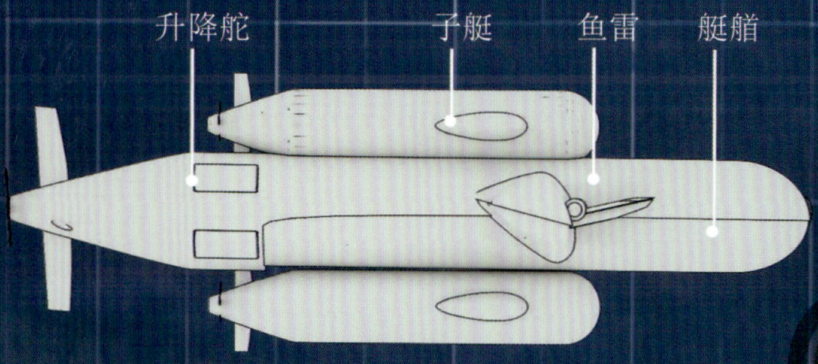

隐身高手

现代水面舰艇的隐形性越来越受到重视，隐形性好的水面舰艇不仅能够有效地保护自己，而且可以先敌发起突击。北欧挪威国土海、岛岸线共有5000多千米，群岛和峡湾众多，因此极需要一种适用于挪威海岸地形且能利用自身隐形能力的小型舰艇，盾牌星座级导弹艇是最合适的潜艇，并且该级艇隐形性能名列世界前茅。

NSM 反舰导弹

盾牌星座级导弹快速巡逻艇携带八枚Kongsberg NSM反舰导弹，NSM反舰导弹装备一个红外成像自动导引弹头并且射程超过150千米。基本型NSM导弹被称作有对付陆上目标能力的中型反舰巡航导弹，在接近目标和弹道末段采用红外成像制导。在整个飞行阶段，采用全球定位系统、惯性与地形轮廓匹配导航技术相结合进行导航。

"CONSTELLATION"PROTECTION

[星座防御] SHIELD 盾牌星座级导弹艇

SKJOLD CONSTELLATION CLASS PATROL BOAT OWNS A HIGH SPEED

20世纪90年代末期，挪威研制了世界上最先进的导弹快速巡逻艇，采用了全新技术概念，并且拥有了一个别致的名称——“盾牌星座”。盾牌星座级快速导弹巡逻艇特点是高速度，信号特征小，小尺寸和重武器负荷和海滨战斗能力。在构造上广泛采用复合材料和雷达波吸收材料，以及其他技术手段来实现出色的隐身性能。盾牌星座级导弹艇在技术方面代表了一种全新的发展方向。

盾牌星座级导弹艇(挪威)

- 全长46.9米
- 满载排水量260吨
- 最高航速55.5节

斯德哥尔摩级导弹艇(瑞典)

- 全长50米
- 满载排水量335吨
- 最高航速32节

1 舰炮

Oto Melara 76毫米快速舰炮用于对抗飞机和其他舰艇，舰炮发射速率120发每分，发射6千克炮弹。

2 舱门

舱门和舱口是表面嵌式，舱门形状是根据潜艇上的位置，功能，水密性能要求以及强度要求等多方面因素决定的。

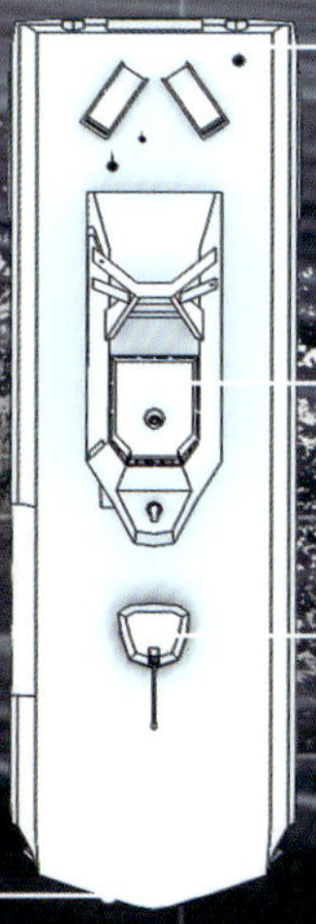

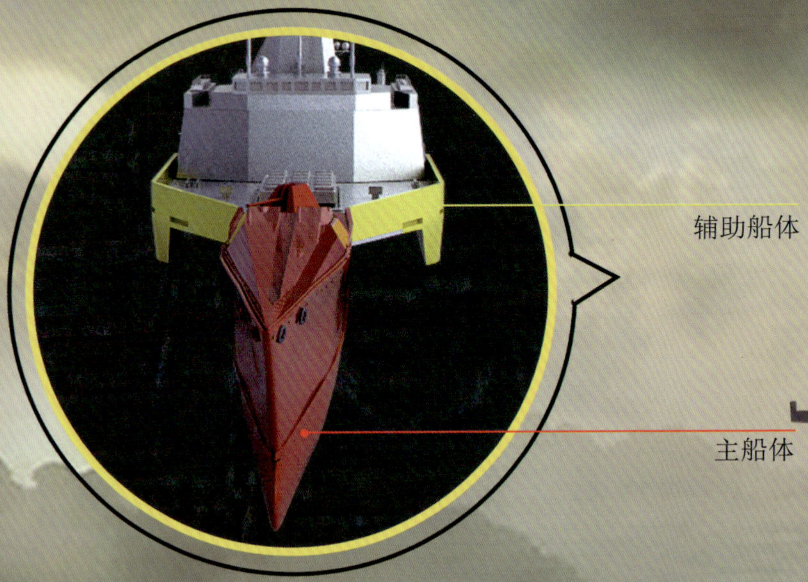

三体船的结构

三体船主要由三个船体组成，其中间为主船体，尺度约占排水体积的90%，两侧并肩各有一个大小相同的辅助船体，三体船是一种很瘦长的单体船，三个瘦长的船体共享一个主甲板及上层结构，其两个侧片体只能看成附体，其排水量只占总排水量的10%以下，每个片体的长度小于船舶总长的三分之一。

在1998年8月，英国国防部颁发一个承包合同给沃斯珀·桑尼克罗夫特公司建造三体船，被称为RV(研究船舶)“海神”号。试验计划主要目的去研究和确定三体结构船体线型的适航性，实验船于2000年3月下水，8月底交给国防评估与研究局。海神号在海上能够运送“集装箱式”海军军事系统，即可随时武装用于军事需要。此外，海神号是世界最大的以电动机产生动力的三体船。

THE TRIMARAN

[三体舰骑] TRITON 英国海神号三体型试验船

“TRITON” TRIAL TRIMARAN WAS LAUNCHED IN 2000

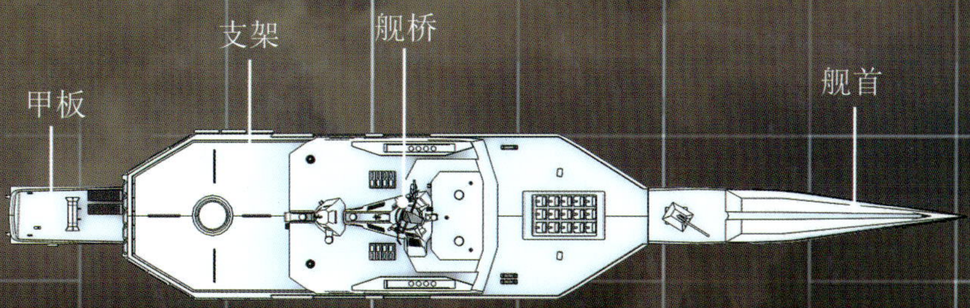

1 船体

主体部分采用铝合金建造，未上漆的陡峭船体被铝箔防火层覆盖。

三体船的优势

三体结构船体线型和传统的单一船体对比，可减少成本及各类信号特征，重要的是减少加速阻力；增加长度，给予更多的稳定性；上甲板拥有更多的空间，能用于飞行甲板和配置机库用于直升飞机和附加装备，将来还能配备舰载武装直升飞机。90米长的三体结构论证船的船体外壳板和刚性加强的纵骨符合结构约束条件。

特赖登号(世界第一艘三体船)

- 舰长91米
- 宽22.5米
- 2000年5月下水

英国海神号(英国第一艘三体船)

- 舰长90米
- 宽22米
- 2000年3月下水

2 机舱排气道

排气道可以布置在主体和侧体之间，降低红外信号，舰内的废弃气体都通过机舱排气道拍到舰外。

PEAK FIGHTING

[巅峰厮杀] ZUMWALT

朱姆沃尔特级驱逐舰

ZUMWALT-CLASS DESTROYER IS A MAIN SURFACE SHIP IN NEW ERA

冷战结束后，地区性冲突不断，这也改变了美国海军的战略，由此提出了“由海向陆”方针。朱姆沃尔特级驱逐舰身为美国在新时代主力水面舰艇，无论是从舰体设计、电机动力、指管通情等方面无一不是集合了顶尖科技的结晶，它是新一代多用途对地打击“宙斯盾”舰。

伯克级驱逐舰

- 驱逐舰
- 排水量14 564吨
- 最高速度超过32节

朱姆沃尔特级驱逐舰

- 驱逐舰
- 排水量超过8345吨
- 最高速度30.3节

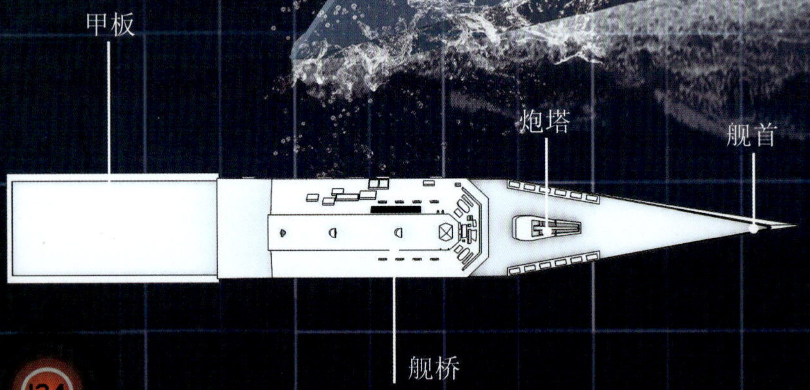

减震浮筏

减震浮筏是应用于舰船上的一种隔振降噪装置，动力系统就装置于减震浮筏上，以降低被潜艇声呐发现的概率。

新世代海上远征

冷战结束后，苏联对美国大洋制海权的威胁急剧降低，美国海军的战略方针逐渐演变成对陆地上的武力投送，以应付与日俱增的地区性冲突。1992年，美国军方颁布“由海向陆”战略白皮书，针对沿岸目标投送武力、控制沿海以及内陆通往海洋战略要道，建立海上远征部队与陆军和空军联合作战等，大幅修改了冷战时代在大洋上反潜与争夺制海权的政策。

2 船艘结构

该舰舰面上有一个单一的全封闭式船艘结构，采用重量轻、雷达反射性低不会锈蚀的复合材料制造。

顶尖的研发技术

“朱姆沃尔特”是一种多功能革命性的驱逐舰，有600英尺(18 288厘米)长的外形，由4部燃气涡轮发电机和两部永久磁发动机提供动力，配备先进的电子设备，拥有最优化的C4I能力，驱逐舰具备强大的火力，配备80单元的垂直发射系统和最先进的导弹系统以及鱼雷系统及两门具有远程攻击能力的155毫米自动舰炮。

THE OFFSHORE SEA MONSTER

[临界海怪]

OFFSHORE 俄罗斯近海战斗舰

RUSSIAN LITTORAL COMBAT SHIP WILL BE A TENDENCY

美国海军推出近海战斗舰后，俄罗斯也不甘落后，推出了数款近海战舰设计方案，这几款方案造型怪异，有奇特的侧双体设计、有外形科幻的流线型设计，近海战斗舰采用了隐身技术，固然可以减少目标被发现的可能性，侦察系统能够发现远离海岸、正在集结和展开、准备实施向岸打击的海上军力，通过发展各国之间的军事技术合作，获得有关海域的空间监控情报资料，将是今后反制近海战斗舰的一个趋势。

THE CRAZY MINESWEEPER

[疯狂扫雷]

STERENN DU

史蒂伦都号无人扫雷艇

STERENN DU UNMANNED MINESWEEPER IS GOING TO BE A HERO

2011年2月8日，法国武器装备总署在布雷斯特港进行演示了史蒂伦都号隐形双体无人驾驶猎雷艇，该艇由法国造舰局建造，泰利斯公司和ECA公司参与研制。法国装备的科幻“史蒂伦都”号作为未来反水雷计划的一部分，艇上装备拖曳阵列声呐和小型无人潜航器，目的在于不危及人员安全的情况下在濒海执行大范围扫雷任务。专家们相信无人艇特别是无人水下潜航将成为未来海战的主角。

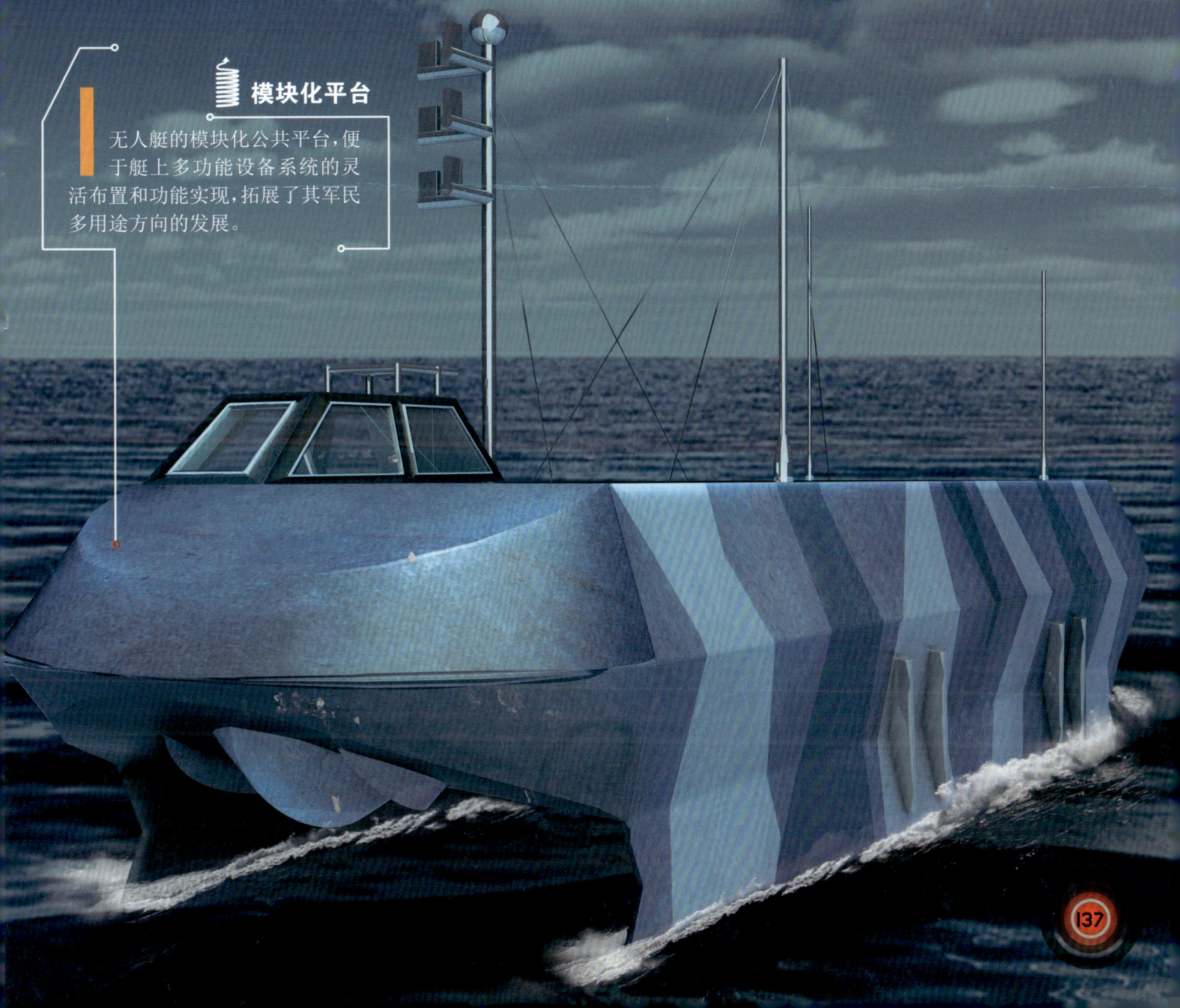

模块化平台

无人艇的模块化公共平台，便于艇上多功能设备系统的灵活布置和功能实现，拓展了其军民多用途方向的发展。

2 储物柜

鹦鹉螺号内部有巨大的压缩空气储存柜，因此可以连续在海底潜行数月而不需要浮上海面。

1 撞角

鹦鹉螺号的武器是船头的撞角，凭着船自身的高速和坚固外壳，撞角的威力十分巨大，力量惊人。

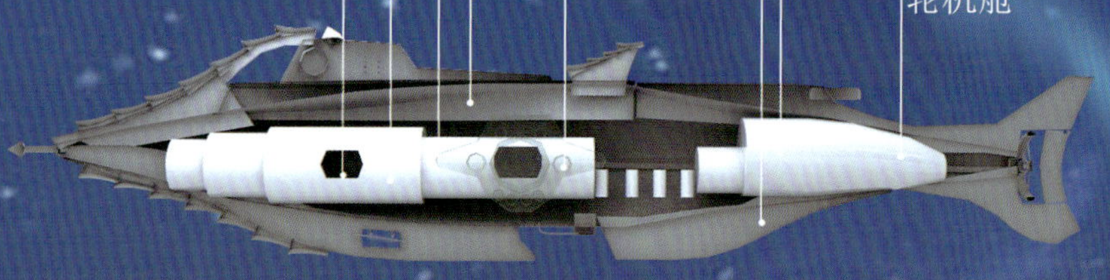

内部布局

鹦鹉螺号内部有巨大的压缩空气储存柜，因此可以连续在海底潜行数天而不需浮上海面。船是很长的圆筒形，两端作圆锥状，像一支雪茄烟。内部设施齐全如同现在的飞机舱室一样。从船首开始依次是船长室、大客厅（大客厅内有一扇玻璃观光舱）、图书馆、餐厅。丝毫不逊色于海面上的轮船。尾部有发电室，最后是轮机舱。

3 电力装置

鹦鹉螺号的驱动完全是靠电力供给，而电力则是由海底煤矿燃烧取得的，储存在伏打电池堆里。

GETTING LOST IN THE SEA

[万里迷踪]

N S G
海底两万里
鹦鹉螺号

"NAUTILUS" FOUND THE SECRET OF THE BOTTOM OF THE SEA

《海底两万里》讲述了法国生物学者阿龙纳斯在海洋深处旅行的故事；1866年，当时海上发现了一只被断定为独角鲸的大怪物，他接受邀请，参加追捕。在追捕过程中，不幸落水，泅到怪物的脊背上。这怪物不是什么独角鲸，而是一艘构造奇妙的潜水艇。潜水艇船长尼摩邀请他作海底旅行。他们从太平洋出发，进入大西洋，看到许多罕见的海生动植物和水中的奇异景象，又经历了许多危险。最后，当潜水艇到达挪威海岸时，阿龙纳斯不辞而别，把他知道的海底秘密公之于世。

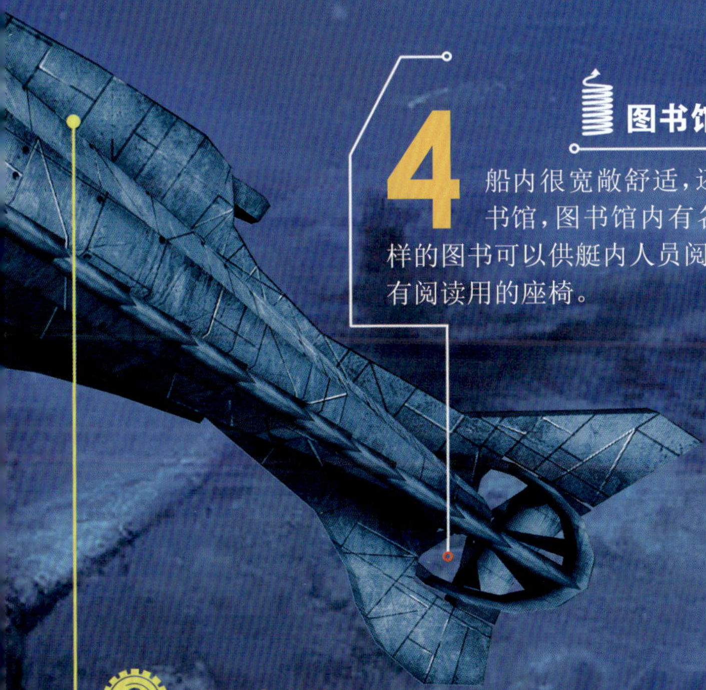

4 图书馆

船内很宽敞舒适，还有图书馆，图书馆内有各种各样的图书可以供艇内人员阅读，还有阅读用的座椅。

海底两万里鹦鹉螺号潜艇(科幻)

- 长90米
- 宽7米
- 世界独一无二的潜水船只

鹦鹉螺号潜艇(实体)

- 长97.5米
- 宽8.4米
- 世界第一艘穿越北极的船只

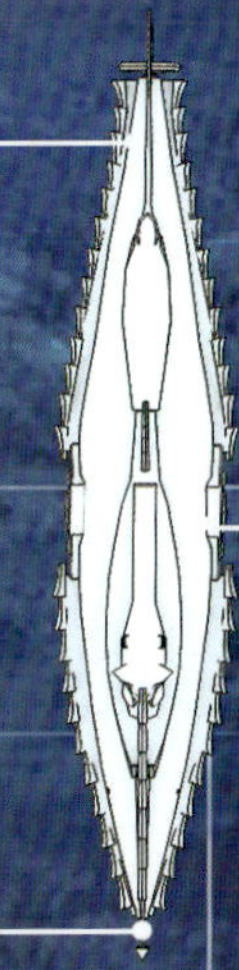

水下乌托邦

鹦鹉螺号为长90米，宽7米的细长纺锤型潜艇，航行性能极好，最高航速可达50海里每小时。食物则全部为鱼类、海藻等，所以说能源和船员的生活必需品都来自大海，它完全不需要陆地的补给，可以无限期地在海上航行。

THE ENCHANTRESS YUBMARINE

[七海女妖] 丹奴之子潜艇

"THE SON OF DADANN" SUBMARINE IS LIKE A GHOST IN PACIFIC

“丹奴之子”是架空科幻作品中配属于“密银”特殊行动部队西太平洋战队的强袭登陆潜艇。“丹奴之子”集合当代最优秀的科技，是密银部队重要组成部分，被称为“人类历史上最强的暴力装置”。它是人类历史上最强大的船舰，在其他国家眼中，像一个游弋在太平洋中的幽灵，即使没有被其攻击，也会带给他们无限恐惧。

丹奴之子潜艇(科幻)

- 俄罗斯
- 被称历史最强暴力装置
- 机甲

台风级潜艇(实体)

- 俄罗斯
- 被称世界最强核潜艇
- 弹道导弹

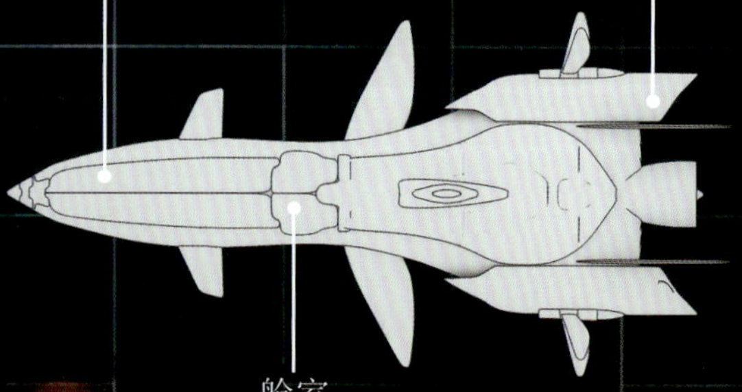

飞行甲板

开放式飞行甲板就是用来搭载飞机用的，但是机库的容积又不大，弹射甲板过短搭载不了比较重的轰炸机。

格纳库的装载

“丹奴之子”拥有格纳库，格纳库就是机库的意思，停放各种车辆、飞机、战斗机甲，类似于仓库的作用。“丹奴之子”的格纳库可以容纳众多武器和战斗人员。在一些以机器人为题材的游戏中，格纳库指的是存放自己拥有机器人的地方。

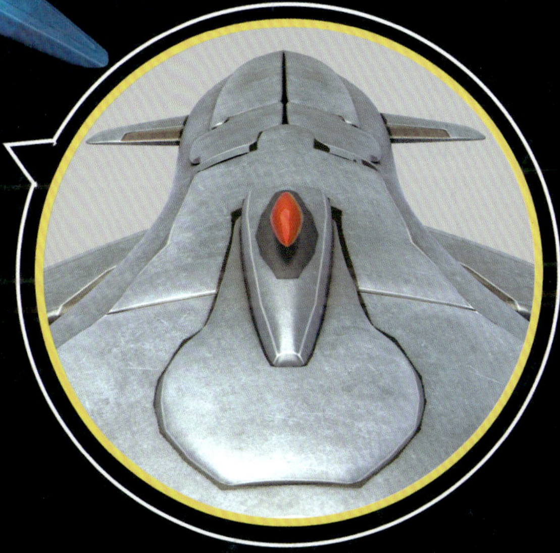

“丹奴之子”的心脏

该技术是架空世界中能源革命的核心技术，“可控核聚变反应炉”中的佼佼者“钯反应炉”，这种反应炉在缩小了体积的同时具有更大的输出功率，这种反应炉可以使 “丹奴之子”在水底跑上六个月左右，更能在近距离对潜战中拥有让敌人措手不及的机动。

2 电脑室

领航者于主控电脑室中控制“丹奴之子”，就是说潜艇可由一个人操纵。

飞行器

飞行空母动力强劲，采用的是四轴飞行器，能够隐身，是不久将来能实现的技术，让我们拭目以待。

飞行空母(科幻)

- 空中航母
- 搭载5架直升机
- 世界上唯一飞天的航空母舰

小鹰级(实体)

- 航空母舰
- 搭载6架海王直升机或SH-60海鹰
- 世界上最大的常规动力航母

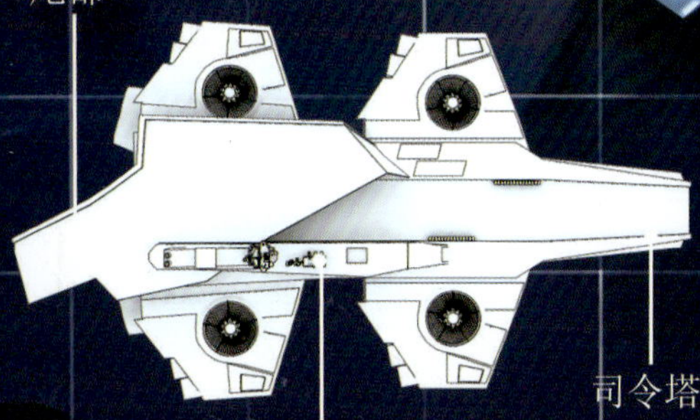

航母飞天的阻力

航母本身是海上作战平台，不能飞行，假设要让航母飞，会有很多阻碍因素，造价太高、把核动力应用到喷气式发动机上很危险、雷达反射面积大、被击落的概率太高。航母飞天，敌国能从360度全向攻击，庞大的体型无疑是个“大靶子”。在现实中，大部分飞机都会发生意外坠机，如果航母坠毁，下落到地面损失惨重，也不知道要砸死多少人。

THE FANTACY TO THE UNIVERSE

[空天幻想] FLYING 飞行空母

WINCHESTER IS A HISTORIC FIRST SUCCESSFUL LEVERRR

目前来看，海上航母不会有什么革命性的变化。会飞的航母！相信会是每一个海军指挥官的梦想。从技术上来看，空母如何建造是一个从来没有被认真讨论过的问题，众多的科幻作品着实让我们看到了飞行空母的震撼力。空母可以是加装了功率强大的发动机，里面还充了氢气或者氦气。当然只要简单地估计就知道这样的结构既不科学也不合理，它完全忽略了空母的空气动力特性，随着科学技术的发展，也许在不远的将来，空母也有可能真的变成现实。

四轴飞行器

飞行空母采用四个涡轮风扇(四旋翼飞行器)，四旋翼飞行器也称为四旋翼直升机，是一种有四个螺旋桨且螺旋桨呈十字形交叉的飞行器。集成了自身研发的飞行动力系统，并配置专业的无线电遥控系统。当飞行器与遥控器之间失去联系时，飞控系统将启动失控保护功能，自动触发自动返航安全着陆功能。

2 引擎

五个大型直升机发动机的引擎，带起一个超级的航母飞到天上，海空两用的视觉效果震撼。